"十四五"普通高等教育本科系列教材

电力行业"十四五"规划教材

U0643203

大学物理实验

（第二版）

主　编　郑君刚

副主编　刘　悦　陈　彪

参　编　韩立伟　吕　晶
　　　　刘　健　陈　爽

主　审　杜　安

中国电力出版社

CHINA ELECTRIC POWER PRESS

内 容 提 要

本书为"十四五"普通高等教育系列教材，也是电力行业"十四五"规划教材，根据教育部颁布的《理工科类大学物理实验课程教学基本要求》，结合编者院校近几年的教学研究成果和实验教学的实践经验编写而成。全书共4章：绪论介绍了大学物理实验课的地位和作用、教学任务、基本环节和实验室规则；第1章介绍了测量、误差及数据处理基本理论；第2～4章按照基础性实验、综合性实验、设计及研究性实验分类，共37个实验项目。本书拓展内容可通过扫码获取。本书以适应新工科教育为前提，重点介绍了物理实验思想和方法，培养学生基本的实验能力、综合能力和创新意识。

本书可作为高等学校理工科各专业大学物理实验课程的教材，也可供科研和工程技术人员参考使用。

图书在版编目（CIP）数据

大学物理实验/郑君刚主编 . —2 版 . —北京：中国电力出版社，2024.7（2025.7重印）
ISBN 978 - 7 - 5198 - 8984 - 5

Ⅰ.04 - 33

中国国家版本馆 CIP 数据核字第 20244BD624 号

出版发行：中国电力出版社
地　　址：北京市东城区北京站西街 19 号（邮政编码 100005）
网　　址：http://www.cepp.sgcc.com.cn
责任编辑：孙　静（010 - 63412542）
责任校对：黄　蓓　王海南
装帧设计：郝晓燕
责任印制：吴　迪

印　　刷：廊坊市文峰档案印务有限公司
版　　次：2021 年 7 月第一版　2024 年 7 月第二版
印　　次：2025 年 7 月北京第二次印刷
开　　本：787 毫米×1092 毫米　16 开本
印　　张：10.5
字　　数：258 千字
定　　价：36.00 元

前　　言

　　大学物理实验是高等学校理工科学生最早接触的一门基础必修实验课程，是本科生接受系统实验方法和实验技能训练的开端。本课程可以加深学生对理论的理解，使其掌握科学实验的基本知识、方法和技巧，培养学生敏锐的观察力和严谨的思维能力，具有其他实践类课程不可替代的作用。

　　本书在 2021 年出版的"十四五"普通高等教育系列教材《大学物理实验》（2023 年获得校优秀教材奖）的基础上，根据教育部高等学校大学物理课程教学指导委员会编制的《理工科类大学物理实验课程教学基本要求（2023 年版）》，并结合近年的教学研究成果和教材的使用情况，对全书内容进行修订，本次修订保持了原教材的整体结构和内容的编排规则，修订内容主要为：①新增了实验内容，来满足实验教学的需求。②对第一版中出现的错误进行了修改。③补充和更换了部分实验项目的图片，更利于学生学习。④作为新形态教材，对书中辅助的实验操作视频全部重新设计录制，重新录制的实验视频更有助于学生的学习使用，视频可通过扫描书中相应位置的二维码观看。

　　本书由郑君刚担任主编，负责全书的整理和统稿工作。本书编写分工如下：郑君刚编写了绪论，第 1 章，实验 2.1、2.8、2.12、3.6、3.10、3.11、3.14、4.1、4.2；刘悦编写了实验 2.3、2.4、2.9、2.15、3.9、4.3、4.4、4.5；陈彪编写了实验 2.2、2.14、3.1、3.8；韩立伟编写了实验 2.10、2.13、3.7、3.12；吕晶编写了实验 2.5、2.6、2.7、3.2、4.6、4.7；刘健编写了实验 3.3、3.4、3.5、3.15；陈爽编写了实验 2.11、3.13 及附录。

　　实验教材的编写是实验室建设和实验课程建设的重要组成部分，是一项集体性的工作。本书的编写凝聚了沈阳建筑大学物理实验中心全体教师的智慧和辛勤劳动，向付出辛勤劳动的各位参编教师，致以深深的谢意！

　　限于编者的水平，书中难免有不足之处，敬请读者批评指正。

编者
2024 年 5 月

第 一 版 前 言

本书根据教育部颁布的《理工科类大学物理实验课程教学基本要求》，结合编者院校近几年的教学研究成果和实验教学的实践经验编写。

大学物理实验是高等学校理工科学生必修的科学实验课程。本课程可以加深学生对理论的理解，使其掌握科学实验的基本知识、方法和技巧，培养学生敏锐的观察力和严谨的思维能力，具有其他课程不可替代的作用。

本书在编写过程中，以适应新工科教育为前提，以培养学生的基本实验能力、综合能力和创新意识，提高学生素质为目标。根据开放式教学的特点，将物理实验的教学内容分为基础性实验、综合性实验和设计及研究性实验的体系。本书包括 14 个基础性实验、14 个综合性实验、7 个设计及研究性实验。基础性实验目的在于对学生进行基本原理、基本实验技能和数据处理方法的训练，培养学生良好的实验习惯；综合性实验目的是开阔学生视野和思路，提高学生对实验方法和实验技术的综合运用能力；设计及研究性实验目的是培养学生独立实验和运用所学知识解决实际问题的能力。

通过手机扫码可以获取实验操作部分的视频内容，便于学生预习和实际操作及教师教学。

本书由郑君刚担任主编，负责全书的整理和统稿工作。本书编写分工如下：郑君刚编写了绪论、实验 2.1、2.8、2.12、3.6、3.14、4.1、4.2；苏锡国编写了实验 2.9、3.11、3.10、4.4、4.5；陈彪编写了实验 2.2、2.14、3.1；刘悦编写了实验 2.3、2.4、3.9、4.3；韩立伟编写了实验 2.10、2.13、3.7、3.8、3.12；吕晶编写了实验 2.5、2.6、2.7、3.2；刘健编写了实验 3.3、3.4、3.5；樊旭峰编写了实验 2.11、3.13、4.6、4.7；陈爽编写了附录。

实验教材的编写是实验室建设和实验课程建设的重要组成部分，是一项集体性的工作。本书的编写凝聚了沈阳建筑大学物理实验中心全体教师的智慧和辛勤劳动，向付出辛勤劳动的各位参编教师，致以深深的谢意！

本教材由东北大学杜安教授审稿。杜安教授在百忙中对本教材提出了宝贵的意见，特此表示感谢！

限于编者水平和实验室条件，书中难免存在不妥和漏误之处，敬请各位读者批评指正。

编者
2021 年 5 月

目　录

绪　　论

一、物理实验课的地位和作用

在人类追求真理、探索未知世界的过程中，物理学展现了一系列科学的世界观和方法论，深刻影响着人类对物质世界的基本认识、人类的思维方式和社会生活，是人类文明的基石，在人才的科学素质培养中具有重要的地位。物理学是自然科学中最基础、最重要、最活跃的一门实验科学，无论是物理规律的发现，还是物理理论的验证，都离不开物理实验。例如杨氏干涉实验为光的波动学提供了有力的支持；赫兹的电磁波实验使麦克斯韦电磁场理论获得普遍承认；近代高能粒子对撞实验使人们深入到物质的最深层（原子核和基本粒子的内部）来探索其规律，等等。可以说物理实验是物理理论的先驱。物理实验体现了大多数科学实验的共性，在实验思想、实验方法及实验手段等方面是自然科学和工程技术的基础。

物理实验课是高等学校理工科独立设置的一门非常重要的基础实验课，它是理工科大学生在实验思想、实验方法、实验技能等方面首先接触到的较为系统的训练，是理工科本科生入学后进行系统实验训练的开端。

物理实验课覆盖面广，具有丰富的实验思想、方法、手段，同时能提供综合性很强的基本实验技能训练，是培养学生科学实验能力、提高科学素质的重要基础，同时物理实验课也具有极强的时代性和社会性。物理实验课在培养学生严谨的治学态度、活跃的创新意识、理论联系实际和适应科技发展的综合应用能力等方面具有其他实践类课程不可替代的作用。

二、物理实验课的具体任务

物理实验课的具体任务是对学生进行严格的、系统的实验理论、实验方法、实验技能和科学研究能力的培养和训练，具体有以下几方面：

（1）培养与提高学生的科学实验能力，其中包括自行阅读实验教材（或资料），弄懂实验原理，掌握仪器的基本构造及其使用方法，正确进行记录，完成实验内容，并能对一些数据进行处理，绘制曲线，说明实验结果，写出合格的实验报告。能够在实验中发现问题、分析问题并学习解决问题的科学方法，逐步提高综合运用所学知识和技能解决实际问题的能力。培养学生独立实验的能力，逐步形成自主实验的基本能力。

（2）通过实验现象的观察、分析和对物理量的测量，学习实验知识，加深对物理学原理的理解。能够融合实验原理、设计思想、实验方法及相关的理论知识，对实验结果进行分析、判断、归纳与综合。掌握通过实验进行物理现象和物理规律研究的基本方法，具有初步的分析与研究能力。

（3）培养与提高学生的科学实验素养。要求学生具有理论联系实际和实事求是的科学作风，严肃认真的工作态度，主动研究的探索精神和遵守纪律、爱护公共财物的优良品德。

（4）培养学生的创新能力。要求学生能够完成符合规范要求的设计性、综合性内容的实验，进行初步的具有研究性或创意性内容的实验，激发学生的学习主动性，逐步培养学生的创新能力。

三、物理实验课的基本环节

物理实验课是课内外相结合的一门课，到实验室上课仅仅是物理实验课中的一个环节，而不是全部，这跟理论课有着较大的区别。物理实验课的环节主要由以下几部分组成：

（1）实验前的选课。根据教学大纲给出的实验项目，学生按照自己专业的培养方案，在学校规定的时间内登录校实验选课网站，按照要求完成实验选课，原则上要求学生根据实验室所提供的实验项目和课程规定的学时进行选课。选课完成后一定要记录自己所选课的课表，参加选课的学生要注意密码的保管，代选和替选所造成的一切后果，由学生本人负责。在选课结束之后，一般不允许再进行改选或补选，因特殊原因需要改选或补选的学生，由本人申请，经教务处批准，方可进行。一旦学生完成所选的实验项目，不能以任何理由退选或申请重做。

（2）实验前的预习。课前预习是实验课的一个基本环节，通过课前预习全面认识和了解所要做的实验项目。通过阅读实验教材和相关的参考资料，对实验任务有一个基本了解，以便顺利完成规定的实验任务。预习应当完成预习报告，内容包括实验原理、方法、实验条件、实验关键，待测量与实测量之间的关系，以及测量数据表格，仪器调整的主要步骤等，有些实验还要求学生课前自拟实验方案，自己设计线路或光路，自拟数据表格等。

（3）实验操作。实验操作是实验课的中心环节。主要是对仪器进行调整和对待测量的测量。学生来到实验室后，应该以科学技术工作者的要求来约束自己，合理布置仪器，安全并正确地操作，认真、细心地观察实验现象，实事求是地观察和测量，认真探索和研究实验工作中的问题，培养良好的科学作风、科研能力和创新意识。实验过程总是从不清楚到清楚，从各种正确和错误的推想和判断中逐步分析和研究，最终取得正确结果。这个过程正是学习实验的重要过程。如果是和他人一组，应该分工协作，共同完成规定的实验工作任务。实验结束后，应该将实验数据交教师审阅、签字，整理、还原仪器后，方可离开实验室。

（4）完成实验报告。实验工作结束后，要及时对实验数据进行处理。数据处理后，应给出实验结果，最后完成实验报告。实验报告是实验工作的全面总结。实验报告通常分为以下三部分：

第一部分：预习报告

1. 实验名称

2. 实验目的

3. 实验原理

在理解的基础上，用简短的文字、必要的公式和图示扼要地阐述实验原理。

第二部分：实验操作记录

1. 实验仪器

记录主要实验仪器的编号和规格。

2. 实验步骤

必须写明重要而且顺序不能颠倒的关键步骤和应该注意的事项。

3. 数据记录

必须正确地、实事求是地读取和记录测量数据，数据必须用表格形式表示，包括单位、有效数字和重要的实验条件。

4. 注意事项

第三部分：数据处理与总结

1. 实验数据

实验数据处理包括计算过程、曲线图、测量结果。

2. 实验结论

测量结果的表达及必要的文字表述，包括待测量及其不确定度。

3. 误差分析

误差分析应是对测量结果影响较大的误差进行分析，要根据具体的实验任务和内容，分析或找出主要的因素进行具体地、接近量化地分析讨论，并且提出相应的解决方法。切忌泛泛罗列各种误差来源和几乎所有实验都存在的或可以用的误差来源及分析。

4. 实验总结

实验总结应该注重物理思想、实验方法的学习和掌握，也可以是实验现象的分析，对实验关键问题的研究体会，对改进实验的建议或实验后的收获。总之，其内容应按具体实验任务要求完成。

实验报告一律用专用的物理实验报告册书写，做到内容完整，语言简练，有自己的观点和见解，文理通顺，字迹工整，图表规范，结论明确，数据处理方法科学合理。

四、实验室规则

（1）学生应按照自己所选时间段进行实验，不得无故缺席或迟到。

（2）学生进入实验室需带上实验预习报告，课前应对所做实验项目进行预习，并完成预习报告，经教师检查合格后方可进行实验。

（3）遵守实验室的规则制度，保持课堂纪律，保持安静、干净的实验环境。

（4）使用电源时，如无特殊声明，必须经过教师检查线路同意后才能接通电源。

（5）爱护仪器。进入实验室不能擅自搬弄仪器，实验中严格按仪器说明书操作，如有损坏，照章赔偿。公用工具用完后应立即归还原处。

（6）完成实验后，学生应整理仪器、桌椅恢复原状，放置整齐。经教师检查实验数据和仪器还原情况并签字后，方能离开实验室。

（7）实验报告。实验完成三日内，将实验报告交到指导教师专用实验报告箱内。

第 1 章　测量、误差及数据处理基本理论

物理实验不仅是通过观察实验现象给出定性的解释，更重要的是通过测量物理量对实验现象给出一个定量的解。如何判断测量结果的可靠性、影响测量结果的因素，以及如何进行实验数据处理等问题是进行实验前需要熟悉和掌握的。

1.1　测量与误差的基本知识

1.1.1　测量

测量是将被测量物理量与选定的标准同类物理量进行定量比较的操作过程。测量结果应包括数值（即度量的倍数）和单位（即选定作为标准的同类物理量）。测量结果仅仅是被测量的最佳估计值，并非真值，完整表述测量结果时，必须附带其测量不确定度。必要时应说明测量条件或影响量的取值范围等。

测量分类的方法很多，常用的是根据待测物理量与测量结果的关系分为直接测量和间接测量。

1. 直接测量

将被测量与标准量（量具）进行比较，直接得到被测量的数值称为直接测量，相应的物理量称为直接测量量。如：用米尺测量长度，用安培计测量电流，用天平和砝码测量物体的质量等。

2. 间接测量

利用直接测量的量与被测量之间的已知函数关系，从而间接得到被测量的数值称为间接测量，该物理量称为间接测量量。如：测物体的密度，先测出物体的体积 V，再测出物体的质量 M，根据公式 $\left(\rho = \dfrac{M}{V}\right)$ 即可算出该物体的密度。

测量也可分为等精度测量和非等精度测量。

1. 等精度测量

等精度测量是指在相同的测量条件下完成待测物理量的多次连续重复测量过程。

2. 非等精度测量

非等精度测量是指在测量条件不相同的情况下，完成待测物理量的多次重复测量过程。

注：本书中的多次重复测量量如无特殊说明，均为等精度测量。

1.1.2　测量误差

1. 真值

每一个物理量在一定的条件下具有不以人的意志为转移的客观大小，这个量值称为该物理量的真值，它是一个不能仅通过测量获得的理想值。一般以被测量物理量的最佳估计值（约定真值）作为真值，有时也采用公认物理量的值、理论真值、计量约定真值、标准器件真值等作为约定真值。

2. 误差

在实际的实验中，误差的存在是不可避免的，由于测量仪器、测量方法、测量环境、测量者的观察力等因素的影响，一切科学实验和测量过程中都存在着误差。误差是测量结果与被测量真值之间的差值。误差的大小反映了测量结果的准确程度。误差可用绝对误差或相对误差表示。

（1）绝对误差。如果用 x 表示测量值，用 x_0 表示真值，测量结果与真值的差值 Δx 称为测量误差，也称为绝对误差。它是一个确定的值，与真值一样，它也不可能得到，测量误差的大小反映了测量结果的准确程度，即

$$\Delta x = x - x_0$$

（2）相对误差。绝对误差 Δx 与真值 x_0 的比，称为相对误差 E_r，一般用百分数来表示，即

$$E_r = \frac{\Delta x}{x_0} \times 100\%$$

3. 误差的分类

根据误差的来源和性质，通常将误差分为系统误差、随机误差和粗大误差三类。

（1）系统误差。在同样条件下，对同一待测量进行多次测量，其误差的大小或符号保持不变或随着测量条件的变化而有规律地变化，这类误差称为系统误差。系统误差的主要来源有仪器误差、环境误差、个人误差及理论误差等。

1）仪器误差：由于仪器本身固有缺陷或没有按规定条件调整到位而引起的误差。

2）环境误差：在测量过程中，实验环境条件与规定条件不一致所引起的误差。

3）个人误差：由于观测者个人感官和运动器官的反应或习惯不同而产生的误差，因人而异，并与观测者当时的精神状态有关。

4）理论误差：理论误差也称方法误差，由于测量所依据的理论公式本身的近似性，或实验条件不能达到理论公式所规定的要求，或者是实验方法本身不完善所带来的误差。

对于实验中存在的系统误差应根据整个实验依据的原理、方法、测量步骤、所用仪器等可能引起误差的因素逐个进行分析，通过校准仪器、改进实验装置和实验方法，或对测量结果进行理论上的修正加以消除或尽可能地减小。

在实验中研究系统误差有十分重要的意义，可使测量结果更接近真值，同时还可从中发现新问题。

完成实验后所做的"误差分析"主要是讨论系统误差及其修正办法。

（2）随机误差。随机误差也称偶然误差，对同一被测量的多次测量过程中，绝对值与其符号以不可预知的方式变化着的测量误差的分量。它包括测量的偶然误差以及对物理过程或物理量的统计所反映在测量上的涨落性，是由实验中各种因素的微小变动性引起的。

随机误差的特点：单次测量时误差的大小和方向都不固定，也无法测量或校正，也无规律可以遵循；但随着测量次数的增加，会发现随机误差是按一定的统计规律分布的。因此，对于实验中存在的随机误差，可以按照数理统计理论对其做出估计。

在科学实验中常用标准偏差来估计测量的随机误差。假设对某一物理量在测量条件相同的情况下，进行 n 次独立测量，如果系统误差已经修正或者是可以忽略，测得 n 个测量值为：x_1，x_2，$\cdots$，x_n。则它们的算术平均值为

$$\overline{x} = \frac{\sum\limits_{1}^{n} x_i}{n}, \ i = 1, 2, 3, \cdots, n$$

此时，测量值的算术平均值 $\overline{x}$ 最接近被测量的真值，测量次数 $n \to \infty$ 时，$\overline{x} \to$ 真值。因此，可以用算术平均值 $\overline{x}$ 作为测量结果。

每一次测量值与平均值之差称为残差，即 $\Delta x_i = x_i - \overline{x}$，$i = 1$，2，3，…，$n$，用"方和根"法对残差进行统计，得到的结果就是单次测量的实验标准差 S_X，它表示这一列测量值的分散性，即

$$S_X = \sqrt{\frac{\sum (x_i - \overline{x})^2}{n - 1}}$$

由此可以得出平均值的实验标准差 $S_{\overline{x}}$ 为

$$S_{\overline{x}} = \frac{S_X}{\sqrt{n}}$$

(3) 粗大误差。由于测量者在测量过程中粗心大意所发生的错误或失误而造成的一种误差称为粗大误差。例如：漏记、错记、算错等引起的。它所对应的测量值称为坏值，一旦发现，应按一定规则将其从测量列中剔除。在实验中只要认真、细心操作，完全可以避免这种误差。

(4) 测量的精密度、准确度、精确度。精度反映测量结果中误差大小的程度，它和误差相对应，误差小的精度高，误差大的精度低。精度是一个综合指标。为了定性地描述各测量值的重复性及测量结果与其真值的接近程度，把精度分为精密度、准确度和精确度。

1) 精密度。精密度表示测量结果中随机误差大小的程度。它是指在一定条件下进行重复测量时所得结果的相互接近程度，用来描述测量的重复性。精密度高，即测量数据的重复性好，随机误差较小。

2) 准确度。准确度表示测量结果中系统误差大小的程度，用来描述测量值接近真值的程度。准确度高，即测量结果接近真值的程度高，系统误差小。

3) 精确度。精确度是对测量结果中系统误差和随机误差的综合描述，它是指测量结果的重复性，即接近真值的程度。

为了更好地说明测量的精密度、测量的准确度和测量的精确度三者之间的联系和不同，下面用打靶时弹着点的情况为例形象说明：图 1-1 所示为射击的精密度高，测量数据精密度高，但准确度较差；图 1-2 所示为射击的准确度高，测量数据的准确度高，但精密度差；图 1-3 所示为精密度和准确度都很高，测量数据的精密度和准确度都好，即精确度高。

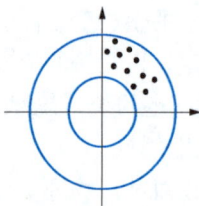　　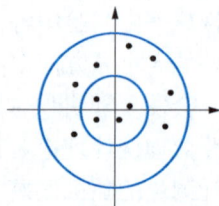　　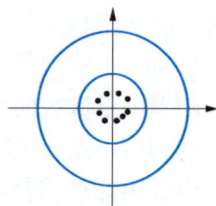

　　　图 1-1　精密度　　　　　图 1-2　准确度　　　　　图 1-3　精确度

1.2 有效数字及运算规则

物理实验是以测量为基础的。物理现象的研究、物质特性的了解和物理原理的验证都需要进行测量。实验数据是通过测量获得的。实验中，当被测量量和测量仪器确定后，实际上实验数据具有的位数就已经确定了。

1. 有效数字的概念

对某一物理量测量时，由仪器中读取的准确数字称为可靠数字，估读的欠准确数字称为存疑数字，可靠数字和存疑数字统称为测量结果的有效数字。有效数字一般都是由全部可靠数字加上一位存疑数字构成，即 有效数字＝全部可靠数字＋一位存疑数字。

有效数字的位数取决于测量所用仪器和被测量量本身的大小，仪器精度决定存疑数字的位置（一般为仪器最小刻度的下一位），被测量量的大小决定可靠数字的个数。

因此，在实验中如果使用不同精度的测量仪器得到的测量数据，其有效数字的有效位数则不同。对同一个物理量采用不同精度的仪器测量时，得到的测量数据有效数字的位数不同，测量结果的有效位数越多，说明测量结果越精确。

2. 有效数字的正确读取和表示

根据有效数字的概念，在读取和计算数据时，对有效数字的位数不能随意取舍。

（1）在仪器上读取测量数据时，除准确读取仪器的最小刻度值外，还应该尽可能估计到仪器的最小刻度值的下一位，即估读 1 位存疑数字。

在读取有效数字时需注意：

1）存疑数字一般按仪器最小刻度值的 10 等分估读，如果刻度比较细密，也可以按 5 等分或者 2 等分估读。

2）若仪器指示与某刻度线对齐时，应该注意在读数的末位补 "0"，以保证结果具有估读的存疑数字。

3）如果仪器的最小刻度单位不为 1 时，应该在读出整数部分后，将小数部分所占格数读出，用格数乘仪器的分度值，再将其和算出来，作为测量数据。

（2）对数字式仪器、仪表或者游标卡尺，无法估计到其最小刻度值的下一位，则可以把直接读到的数据记录下来，只是仍然认为其末位为存疑数字。

（3）最高位非 "0" 数字前的 "0" 不占有效位，只起定位作用，而其他位置的 "0" 和所有的非 "0" 数字都占有效位数。特别是末位的 "0"，不可以随意增加，也不可以随意舍掉。

（4）在对测量量的单位换算时，因为测量精度没有改变，所以测量结果的有效位数不能变化。

（5）如果某物理量的测量数据很大或者很小，而且其有效位不多时，或者数字的大小与其有效位数发生矛盾时，有效数字应该用科学记数法来表示。

科学记数法规定，小数点前只可以留一位非零数字，而数字的数量级用 10 的方幂来表示。

3. 有效数字的运算原则

（1）可靠数字与可靠数字运算，其结果仍为可靠数字。

（2）存疑数字参与运算时，运算结果为存疑数字，但是其进位为可靠数字。

（3）如果已知参与运算的各个有效数字的不确定度，则先算出计算结果的不确定度，规定取 2 位存疑数字，再按照计算结果的不确定度来确定计算结果的有效位数。

4. 有效数字的修约规则

将数据中多余的数字去除，称为修约。过去常采用"四舍五入"规则，这将会使从 1 到 9 的九个数字中，入的机会大于舍的机会，而对于有效数字的截取时，这是不合理的。现在通用的修约规则：以保留数字的末位为基准，末位后的数字大于 0.5 者末位进一；末位后的数字小于 0.5 者末位不变（即舍弃末位后的数字）；末位后的数字恰为 0.5 者，是末位为偶数（即当末位为奇数时，末位进一，当末位为偶数时，末位不变）。可简洁计成"四舍六入，逢五取偶"。但是，不可以连续进行修约。

例如：将 7.25499、7.25500、7.235、7.245、7.257 修约为三位有效数字，则分别为 7.25（不得连续修约）7.26、7.24、7.24、7.26。在有效数字运算结果取位以及后面关于不确定度取位时，都遵守这一原则。

5. 有效数字的一般运算规则

（1）加减运算规则。几个数进行加减运算时，运算结果的有效数字存疑位与参与运算的数字中末位数量级最大的那一位对齐。

例如：$50.1+1.45+0.5813=52.1313$ 运算结果：52.1

（2）乘除运算规则。几个数进行乘除运算时，其结果的有效数字位数与参与运算的数字中有效数字最少的那个相同。

例如：$4.178×10.1=42.1978$ 运算结果：42.2

（3）乘方、开方运算规则。一个数进行乘方、开方运算时，其结果的有效数字位数与参加运算的数字的有效数字位数相同，保持不变。

例如：$25.64^2=657.4096$ 运算结果：657.4

（4）函数运算规则。对数函数运算结果的有效数字，小数点后面的位数取成与真数位数相同；指数函数运算结果中有效数字的位数，小数点后面的位数取成与指数中小数点后面的位数相同；三角函数结果中有效数字的取法，将自变量的末位数字上加 1（或减 1）后作运算，运算结果中与原来的运算结果出现差异的最高位就是运算结果有效数字的最后一位。

例如：计算 $\sin31°28'=0.52200243$，$\sin(31°28'+1')=0.52225052$

上述计算结果出现差异的最高位是小数点后第四位，由此得运算结果为 0.5220。

1.3　测量不确定度的评定

当完成测量时，应该给出测量结果。测量结果除了应该给出被测量的量值外，必须对测量结果的质量给出定量的说明，以确定测量结果的可信程度。在不确定度概念确定前，长期使用测量误差来表示测量结果的质量，但测量误差与测量不确定度是两个不同的概念，测量误差只能表示测量结果的量值与真值或参考值的偏差，不能从统计学上来表示测量结果的可信程度。现在国际上约定的做法是用测量不确定度来表示测量的质量。带有测量不确定度的测量结果才是完整的和有意义的。给出测量不确定度时还应给出其有关的必要信息，这样才是充分的。

1993 年，国际标准化组织（ISO）、国际计量局（BIPM）等 7 个国际组织联合发布了具有国际指导性的《测量不确定度表示指南》。1999 年，我国制定了《测量不确定度评定与表示》（JJF 1059—1999，现已被 JJF 1059.1—2012 代替），作为我国对测量结果进行评定、表示和比较的统一准则。

1. 测量不确定度

（1）测量不确定度。测量不确定度是与测量结果相联系的参数，表示测量结果的置信程度。不确定度可以是标准偏差或其倍数，或是说明了置信水准的区间的半宽。

（2）标准不确定度 u。以标准偏差表示的不确定度称为标准不确定度，以 u 表示，它表示测量结果的分散性。

（3）扩展不确定度 U。以标准偏差的 k 倍表示的不确定度，称为扩展不确定度，以 U 表示。k 称为包含因子。它表明了具有较大的置信概率区间的半宽度。

扩展不确定度与置信区间或统计区间有关的概率值 $p=1-\alpha$，α 为显著性水平或置信度。当测量值服从某分布时，落于某区间的概率 p 即为置信概率。它是介于 0～1 之间的数，常用百分数表示。

2. 测量不确定度的来源

测量过程中有许多引起不确定度的来源，它们可能来自以下几方面：

（1）被测量的定义不完整或不完善。

（2）被测量定义的复现不理想，包括复现被测量的测量方法不理想。

（3）取样的代表性不够，即被测量的样本不能完全代表所定义的被测量。

（4）对测量过程受环境影响的认识不足或对环境条件的测量与控制不完善。

（5）模拟式仪器的人员读数偏移。

（6）测量仪器的计量性能局限性。

（7）测量标准或标准物质提供的标准值不准确。

（8）引用的常数或其他参数值的不准确。

（9）测量方法、测量程序和测量系统中的近似、假设和不完善。

（10）在相同的条件下被测量重复观测值的变化。

上述不确定度的来源可能相关。对于尚未认识到的系统效应，显然是不可能在不确定度评定中予以考虑的，但它可能导致测量结果的误差。测量不确定度一般来源于随机性或模糊性。前者归因于条件不充分，后者归因于事物本身概念不明确。因而测量不确定度一般由许多分量组成，其中一些分量具有统计性，另一些分量具有非统计性。所有这些不确定度来源，如果影响到测量结果，都会对测量结果的分散性做出贡献。即这些不确定度来源的综合效应，使测量结果的可能值服从某种概率分布。

3. 测量不确定度的分类

可以用概率分布的标准差来表示的测量不确定度，称为标准不确定度，它表示测量结果的分散性。也可以用具有一定置信概率的区间来表示测量不确定度。

不确定度依据其评定方法可以分为 A 类标准不确定度和 B 类标准不确定度。分类的目的并不意味两类评定之间存在本质上的区别，它们都基于概率分布，并都用方差或标准差表征，两种方式都用已知的概率解释。

（1）A 类标准不确定度 u_A。A 类标准不确定度由以观测列频率分布导出的概率密度函数得到。通常以被测量列的平均值的实验标准差 $S_{\overline{x}}$ 作为测量结果的 A 类标准不确定度，即

$$u_A = S_{\overline{x}} \tag{1-1}$$

（2）B 类标准不确定度 u_B。B 类标准不确定度 u_B 可由一个认定的或假定的概率密度函数（基于事件发生的信任度，常称主观概率或先验概率）得到。

4. 数学模型的建立及测量不确定度的评定

在测量不确定度的评定中，所有的测量值都应是测量结果的最佳估计值（即对所有测量结果中系统效应均应进行修正）。对各影响量产生的不确定度分量不应有遗漏，也不能有重复。在所有的测量结果中，均不应存在由于读取、记录或数据分析失误或仪器不正确使用等因素引入的明显的异常数据，即不应该存在过失误差。

（1）数学模型的建立。在实际测量的很多情况下，被测量 y（输出量）不能直接测得，而是由 n 个输入量 x_1，x_2，$\cdots$，x_n，通过函数关系 f 来确定

$$y = f(x_1, x_2, \cdots, x_n) \tag{1-2}$$

这种函数关系就称为测量模型或数学模型，或称为测量过程数学模型。

数学模型不是唯一的，如果采用不同的测量方法和不同的测量程序，就可能有不同的数学模型。数学模型可以用已知的物理公式求得，也可用实验的方法确定，甚至只用数值方程（为物理方程的一种，用于表示在给定测量单位的条件下，数值之间的关系，而无物理量之间的关系）给出。如果数据表明 f 没有能够将测量过程模型化至测量所要求的准确度，则必须在 f 中增加输入量，即增加影响量。输入量可以是：

1）由当前直接测定的量。它们的值与不确定度可得自单一观测、重复观测、依据经验对信息的估计，并可包含测量仪器读数修正值，以及对周围环境影响的修正值。

2）由外部来源引入的量。如已校准的测量标准、有证标准物质、由手册所得的参考数据等。

（2）A 类标准不确定度 u_A 的评定。对某个被测量 x 进行 n 次重复测量，假定消除了系统误差，即进行等精度测量，得到的测量值为 x_1，x_2，$\cdots$，x_n，能够用来表述该测量列分散程度的实验标准差 S_X 可以由式（1-3）（贝塞尔公式）得到

$$S_X = \sqrt{\frac{\sum_{i=1}^{n}(x_i - \overline{x})^2}{n-1}} \tag{1-3}$$

其中，$i = 1$，2，$\cdots$，n 为测量次数，x_i 为第 i 次的测量值，$\overline{x}$ 为 n 个测量值的算术平均值，即

$$\overline{x} = \frac{1}{n}\sum_{i=1}^{n}x_i \tag{1-4}$$

S_X 称为测量列的单次测量的实验标准差，是测量列中任意一次测量值的无偏估计值，而 $S_{\overline{x}}$ 称为算术平均值的实验标准差，其值由式（1-5）得

$$S_{\overline{X}} = \sqrt{\frac{\sum_1^n (x_i - \overline{x})^2}{n(n-1)}} = \frac{S_X}{\sqrt{n}} \tag{1-5}$$

通常以测量的算术平均值作为测量最佳估计值，以算术平均值的实验标准差 $S_{\overline{x}}$ 的数值

作为测量结果的 A 类标准不确定度 u_A，即 $u_A(x) = S_{\overline{x}}$。

1）当测量次数 n 趋于无穷大时，x 将成为连续型随机变量，其概率密度分布为高斯分布，即正态分布，正态分布概率密度曲线如图 1-4 所示，概率密度分布函数数学形式为

$$y(x - \overline{x}) = \frac{1}{\sqrt{2\pi} S_X} e^{-(x - \overline{x})^2 / 2S_X^2} \qquad (1 - 6)$$

正态分布具有以下特点：

①对称性：绝对值相等的正负误差出现的概率相等。

②单峰性：绝对值小的误差出现的概率比绝对值大的误差出现的概率大；曲线的峰值对应于 $\overline{x}$。

③有界性：绝对值非常大的误差出现的概率极小，一般有 $|x - \overline{x}| \leqslant 3S_X$。

④抵偿性：随测量次数趋于无穷大，误差的算术平均值趋于零。

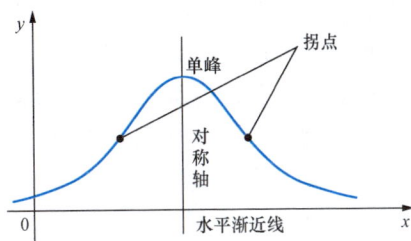

图 1-4　正态分布概率密度曲线

由式（1-6）可得

$$p = \int_{-S_X}^{+S_X} y(x - \overline{x}) \cdot d(x - \overline{x}) = 0.6826 \approx 68\%$$

$$p = \int_{-2S_X}^{+2S_X} y(x - \overline{x}) \cdot d(x - \overline{x}) = 0.9545 \approx 95\%$$

$$p = \int_{-3S_X}^{+3S_X} y(x - \overline{x}) \cdot d(x - \overline{x}) = 0.9973 \approx 99.7\%$$

$$p = \int_{-\infty}^{+\infty} y(x - \overline{x}) \cdot d(x - \overline{x}) = 1 = 100\%$$

由上面几个式子可看出测量列的实验标准差 S_X 的统计意义。图 1-5 所示为重要的概率值。

2）当测量次数 n 为有限次时，x 的概率密度分布将遵守 t 分布，即学生分布。其特征是：曲线偏离正态分布，峰值低于正态分布，且上部较窄，下部较宽，如图 1-6 所示。此时，其置信区间宽度与正态分布的置信区间宽度差 t_p 倍。

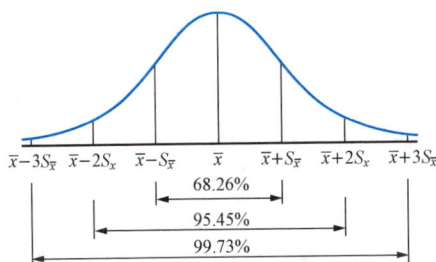

图 1-5　重要的概率值

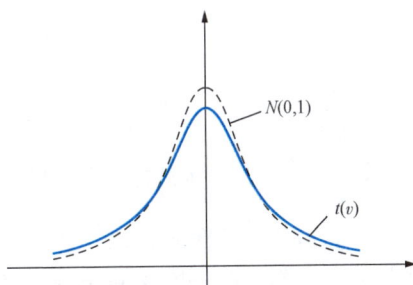

图 1-6　t 分布与标准正态分布

由于 $\frac{t_p}{\sqrt{n}}\approx1$，因此本书约定，作为简化，在实际测量过程中，当测量次数 n 大于 5 时，不具体考虑是哪种分布，而是直接采用式（1-3）、式（1-5）和式（1-1）对测量结果的 A 类标准不确定度进行评定。

（3）B 类标准不确定度 u_B 的评定。B 类标准不确定度是指不能用统计方法得到的不确定度分量。它的评定比较复杂，在本课程中，我们对它做一简化，只考虑由仪器方面引入的不确定度分量。即在大多数情况下，将仪器方面的不确定度直接取用为测量结果的 B 类不确定度分量 u_B。获得仪器的不确定度的方法有：

1）仪器设备的说明书所给出的不确定度报告。

2）仪器设备的说明书所给出的基本误差限 Δ_e，则

$$u_B = \frac{|\Delta_e|}{2} \tag{1-7}$$

此时可以认为置信概率 $p=95\%$，包含因子 $k=2$。

3）如果仪器设备的说明书中查不到不确定度或者误差限时，一般的刻度仪表可以取其最小刻度的 1/2 作为仪器的误差限 Δ_e，然后由式（1-7）得到仪器的不确定度 u_B；游标类或者数显类仪器则取其游标精度或者最小步进值作为仪器的误差限 Δ_e，然后由式（1-7）得到仪器的不确定度 u_B。

实验室常用仪器的误差限可以参考各类实验基础知识部分。

（4）合成标准不确定度 u_C 的评定。

1）直接测量量的合成不确定度的评定。如果对直接测量量 x 进行 n 次重复测量，则

$$u_A(x) = S_{\overline{X}}, \quad u_B(x) = \frac{|\Delta_e|}{2}$$

x 的合成标准不确定度为

$$u_C(x) = \sqrt{u_A^2(x) + u_B^2(x)} \tag{1-8}$$

2）间接测量量的合成不确定度 $u_C(y)$ 的评定。被测量量 y 的标准不确定度是由相应输入量 $x_i(i=1, 2, \cdots, n)$ 的标准不确定度适当合成得到，记为 $u_C(y)$ 如果测量量 y 与输入量 $x_i(i=1, 2, \cdots, n)$ 的函数关系为

$$y = f(x_1, x_2, \cdots, x_n) \tag{1-9}$$

并且全部输入量 $x_i(i=1, 2, \cdots, n)$ 是彼此不相关时，则间接测量量 y 的标准不确定度取决于 y 与各输入量 x_i 的函数关系，以及各输入量 x_i 的标准不确定度 $u_C(x_i)$，即

$$u_C(y) = \sqrt{\sum_{i=1}^{i=n}\left[\frac{\partial f}{\partial X_i}u_C(x_i)\right]^2} = \sqrt{\sum_{i=1}^{i=n}\left[c_iu_C(x_i)\right]^2} \tag{1-10}$$

或者，先将式（1-10）取对数，再求各个量的偏导数，从而求出相对标准不确定度为

$$E(y) = \frac{u_C(y)}{y} = \sqrt{\sum_{i=1}^{i=n}\left[\frac{\partial\ln f}{\partial x_i}u_C(x_i)\right]^2} \tag{1-11}$$

其中，c_i 称为灵敏系数或者称为各输入量分别向间接测量量传递不确定度的传递系数，它表示各分量的标准不确定度在间接测量量的合成标准不确定度中所占比例的权重，即

$$c_i \equiv \frac{\partial f}{\partial x_i}; \quad 或者 \quad c_i \equiv \frac{\partial\ln f}{\partial x_i} \tag{1-12}$$

（5）扩展不确定度 U 的评定。扩展不确定度 U 可以由合成标准不确定度 u_C 乘以包含因子 k 得到

$$U = ku_C \qquad (1-13)$$

本书约定，取置信概率 $p=95\%$，而包含因子 $k=2$。

取 $k=2$ 的理由有：

1）按照概率论，正态分布时 $k=1.960$，相应的置信概率是 95%；$k=2$ 相应的置信概率是 95.45%。但是实际应用时的概率分布仅仅是近似正态分布，不是严格的正态分布，没有必要将 k 计算到如此准确。因此通常情况下，认为取 $k=2$，包含概率约为 95%。

2）k 值越取大，虽然可信度提高，但置信区间宽度也加大了。在工程和日常应用时，包含概率在 95% 左右就足够了。

3）为了使所有给出的测量结果之间能够方便的相互比较，国际上约定采用 $k=2$。一般情况下取 $k=2$，且未注明 k 值时是指 $k=2$。

有时，也用相对不确定度 E 来描述测量结果的不可确定性，即

$$E = \frac{u}{x} \times 100\% \text{（相对标准不确定度）} \qquad (1-14)$$

$$E = \frac{U}{x} \times 100\% \text{（相对扩展不确定度）} \qquad (1-15)$$

（6）测量结果的表达。

1）测量结果表达式。作为测量结果的完整表述，除了给出测量的最佳估计值外，还要给出这个最佳估计值的总的不确定度。测量结果的一般表达式为

$$y = \overline{y} \pm U, \quad k=2, \quad p=95\% \qquad (1-16)$$

其中，算术平均值 $\overline{y}$ 称为被测量量的最佳估计值，U 为 y 的扩展不确定度，上式表示被测量量的最佳估计值 $\overline{y}$ 以 $p \geqslant 95\%$ 的置信概率置于（$\overline{y}-U$，$\overline{y}+U$）区间内。

2）测量结果及其不确定度的有效位数。对测量结果表达式中各项的有效数字的取舍，可做如下约定：

①标准不确定度 u 的有效数字的位数至少取 3 位。

②本课程约定，凡通过测量并且进行计算得到的扩展不确定度 U，一律取 2 位有效数字。

③当采用同一测量单位时，测量结果的最佳估计值 $\overline{y}$ 的末位与 U 的末位对齐。其他舍去部分按照有效数字的修约规则执行。

【例 1-1】　用游标卡尺测量某工件的长度 L，测量数据见表 1-1。

表 1-1　　　　　　　　　　　　　　[例 1-1] 表

测量次数 n	1	2	3	4	5	6	7
测量长度 L（mm）	62.76	62.78	62.74	62.72	62.76	62.74	62.76

若游标卡尺的仪器误差限为：$\Delta_e = \pm 0.02(\text{mm})$，请写出测量结果表达式。

解　用游标卡尺测量某工件的长度 L 是直接测量。

（1）对测量列 L 的 A 类标准不确定度的评定。

任意一次测量量 L_i 的标准差：

由贝塞尔公式得
$$S = \sqrt{\frac{\sum (L_i - \overline{L})^2}{n-1}} = 0.0195\text{mm}$$

$$\overline{L} = 62.751\text{mm}$$

测量列算术平均值的标准差为

$$S_{\overline{L}} = \frac{S}{\sqrt{n}} = \frac{0.0195}{\sqrt{7}} = 0.00738(\text{mm})$$

所以测量量的 A 类标准不确定度为

$$u_A(L) = S_{\overline{L}} = 0.00738\text{mm}$$

（2）测量量的 B 类标准不确定度的评定。

由题意可知，游标卡尺的误差限为 $\Delta_e = \pm 0.02\text{mm}$

所以，当置信概率 $p=95\%$ 时，包含因子 $k=2$，此时仪器的 B 类标准不确定度为

$$u_B(L) = \frac{|\Delta|}{2} = \frac{0.02}{2} = 0.01(\text{mm})$$

（3）测量量的合成标准不确定度的评定。

用方根法合成可得

$$u_C(L) = \sqrt{u_A^2(L) + u_B^2(L)} = \sqrt{0.00738^2 + 0.01^2} = 0.0124(\text{mm})$$

（4）扩展不确定度的评定，即

$$U = ku_C(L) = 2 \times 0.0124 = 0.0248 \approx 0.025(\text{mm})$$

（5）测量结果表达式为 $L = \overline{L} \pm U$，即

$$L = 62.751 \pm 0.025(\text{mm}), \quad k=2, \quad p=95\%$$

根据有效数字的运算规则，测量结果 L 的有效数字应保留两位存疑数字，计算得到的扩展不确定度 U 规定取两位有效数字，并且都是存疑数字。长度 L 的存疑位与扩展不确定度 U 的末位要对齐。

【例 1-2】 对某一圆柱体的体积进行间接测量。其长度 L 用游标卡尺测量，直径 D 用螺旋千分尺测量，测量数据见表 1-2。游标卡尺的误差限为 $\Delta_e = \pm 0.02\text{mm}$，螺旋千分尺的误差限为 $\Delta_e = \pm 0.004\text{mm}$，请写出该圆柱体体积的测量结果表达式 $V = \overline{V} \pm U$。

表 1-2 ［例 1-2］表

D（mm）	1.197	1.189	1.207	1.198	1.186	1.205	1.195
L（mm）	60.46	60.58	60.44	60.50	60.48	60.56	60.46

解 体积的测量是一个间接测量。首先，建立数学模型。圆柱体的体积为

$$V = \frac{1}{4}\pi \cdot D^2 \cdot L$$

（1）直径 D 的 A 类标准不确定度的评定。

由贝塞尔公式得
$$S = \sqrt{\frac{\sum (D_i - \overline{D})^2}{n-1}} = 0.00767\text{mm}$$

$$\overline{D} = 1.1967\text{mm}$$

D 的算术平均值的标准差为　　　　$S_{\bar{D}}=\dfrac{S}{\sqrt{n}}=\dfrac{0.00767}{\sqrt{7}}=0.00290(\mathrm{mm})$

所以　　　　　　　　　　　　$u_A(D)=S_{\bar{D}}=0.00290\mathrm{mm}$

（2）直径 D 的 B 类标准不确定度的评定，即

由题意知　　　　　　　$u_B(D)=\dfrac{|\Delta_q|}{2}=\dfrac{0.004}{2}=0.002(\mathrm{mm})$

所以，直径 D 的合成标准不确定度为

$$u_C(D)=\sqrt{u_A^2(D)+u_B^2(D)}=\sqrt{0.00290^2+0.002^2}=0.00352(\mathrm{mm})$$

（3）长度 L 的 A 类标准不确定度的评定。

由贝塞尔公式得　　　　$S=\sqrt{\dfrac{\sum(L_i-\bar{L})^2}{n-1}}=0.0535\mathrm{mm}$

$$\bar{L}=60.497\mathrm{mm}$$

L 的算术平均值的标准差为　　　　$S_{\bar{L}}=\dfrac{S}{\sqrt{n}}=\dfrac{0.0535}{\sqrt{7}}=0.02022(\mathrm{mm})$

所以　　　　　　　　　　　　$u_A(L)=S_{\bar{L}}=0.02022\mathrm{mm}$

（4）长度 L 的 B 类标准不确定度的评定。

由题意可知　　　　　　$u_B(L)=\dfrac{|\Delta_k|}{2}=\dfrac{0.02}{2}=0.01(\mathrm{mm})$

所以长度 L 的合成标准不确定度为

$$u_C(L)=\sqrt{u_A^2(L)+u_B^2(L)}=\sqrt{0.02022^2+0.01^2}=0.0226(\mathrm{mm})$$

（5）直径 D 向体积 V 传递的不确定度分量 $u_D(V)$。

传递系数 $c_D=\dfrac{\partial V}{\partial D}=\dfrac{\pi}{2}\cdot D\cdot L=\dfrac{\pi}{2}\cdot\bar{D}\cdot\bar{L}=\dfrac{\pi}{2}\times1.11967\times60.497=113.7208$（$\mathrm{mm}^2$）

$$u_D(V)=c_D\cdot u_C(D)=0.00352\times113.7208=0.400(\mathrm{mm}^3)$$

（6）长度 L 向休积 V 传递的不确定度分量 $u_L(V)$。

传递系数 $c_L=\dfrac{\partial V}{\partial L}=\dfrac{\pi}{4}D^2=\dfrac{\pi}{4}(\bar{D})^2=\dfrac{\pi}{4}\times1.1967^2=1.12476(\mathrm{mm}^2)$

$$u_L(V)=c_L\cdot u_C(L)=1.12476\times0.0226=0.0254(\mathrm{mm}^3)$$

（7）体积 V 的合成标准不确定度 $u_C(V)$ 为

$$u_C(V)=\sqrt{u_D^2(V)+u_L^2(V)}=\sqrt{0.400^2+0.0254^2}=0.400(\mathrm{mm}^3)$$

（8）体积 V 的扩展不确定度 U 为

$$U=ku_C(V)=2\times0.400=0.80(\mathrm{mm})^3(p=95\%\text{ 时},k=2)$$

（9）圆柱体的体积为

$$V=\dfrac{1}{4}\pi\cdot D^2\cdot L=\dfrac{1}{4}\pi\cdot(\bar{D})^2\cdot\bar{L}=\dfrac{1}{4}\times\pi\times1.1967^2\times60.497=68.045(\mathrm{mm}^3)$$

（10）测量结果表达式为

$$V=\bar{V}\pm U=68.04\pm0.80(\mathrm{mm}^3)(p=95\%\text{ 时},k=2)$$

【例 1-3】　对某一角度 θ 进行测量，其测量结果表达式为 $\theta=53°52'\pm2'$，求 $\sin\theta$。并且写出结果表达式。

解　令 $y=\sin\theta$，则由题意 $\overline{y}=\sin\overline{\theta}=\sin53°52'=0.807646966$

测量量 θ 的扩展不确定度 U 为

$$U=2'$$

所以，θ 的标准不确定度 $u_C(\theta)$ 为

$$u_C(\theta)=\frac{U}{k}=\frac{2'}{2}=1'=\frac{1}{60}\times\frac{\pi}{180}=0.000290888（弧度）$$

而传递系数 $c=\dfrac{\partial Y}{\partial\theta}=\dfrac{\partial(\sin\theta)}{\partial\theta}=\cos\theta=\cos53°52'=0.589666327$

由测量量 θ 向被测量 y 传递的标准不确定度为

$$u_C(y)=c\cdot u_C(\theta)=\frac{\partial Y}{\partial\theta}\cdot u(\theta)=0.000172$$

y 的扩展不确定度为

$$U=ku_C(y)=2\times0.000172=0.000343\approx0.00034$$

所以，$y=\sin\theta$ 的测量结果表达式为

$$y=\overline{y}\pm U=0.80765\pm0.00034（p=95\%\text{ 时},k=2）$$

1.4　实验数据处理方法

数据处理就是指从实验中得到数据到获得实验结果的全过程，包括数据记录、数据整理、计算分析等，数据处理过程要运用正确的数学方法和计算工具，在保证数据原有精度的条件下，得到合理、有用的实验结果。正确处理实验数据是实验能力的基本训练之一。根据不同的实验内容和要求，可以采用不同的数据处理方法。下面介绍物理实验中较常用的数据处理方法。

1. 列表法

列表法是最常用、简单的数据处理方法。在实验中对一个物理量进行多次测量，或者测量几个量之间的函数关系时，往往借助列表法把实验数据分门别类地记录在表格中，同时也可将实验结果并入表格中。

（1）列表法的优点。能够简单、清晰地反映出实验所涉及的物理量之间的关系，清楚、准确地显示物理量的变化趋势；实验数据有条理，易于检查数据和发现问题以及避免差错。列表法是用其他方法处理数据的基础。

（2）列表的要求。表格设计的应该简洁、合理；表中的项目栏中要标注所列物理量的名称、单位、测量仪器及其规格型号、量程；表中填写的数据应符合有效数字的规则，书写要工整、清晰，不可随意涂改。

（3）应用举例，见表 1-3。

表 1-3　　　　　　　　　伏 安 法 测 电 阻

次数 项目	1	2	3	4	5	6
V(V)						
I(mA)						

2. 作图法

作图法是将实验中测得的数据和各物理量之间的对应关系用函数图线表示出来的方法。

作图法是一种基本的数据处理方法，它能够形象直观地表示出实验数据间的关系并可以据此求出经验公式，可以求物理量的值，还可以发现测量中的个别错误数据。

（1）作图的方法。

1）选择合适的坐标纸。图线一定在坐标纸上画，物理实验中常用坐标纸是直角坐标纸，还有单对数坐标纸、双对数坐标纸及极坐标纸等。

2）建立正确的坐标系。在选好的坐标纸上作图时，通常以自变量作为横坐标（x 轴），以因变量为纵坐标（y 轴），并表明坐标轴所代表的物理量、单位和值，并在图上明显部位写上图的名称和测试的条件。

3）数据点的标出。在建好的坐标系中找到相应的数据点，用笔标出数据点，一般用"⊙""×"或"＋"等标记数据点。在同一坐标系下作多条曲线时，不同曲线的数据点应用不同的符号。

4）坐标比例的选择。原则上做到数据中的可靠数字在图上是可靠的。首先要考虑充分反映两个量之间关系的特点，同时要考虑有效数字即准确数字的最后一位与图上最小分度格相当的特点，还要适当兼顾曲线尽量占整个画面的要求（直线或曲线的倾角接近 45°）。可以用小于实验数据最小值的某一数作为坐标轴的起始点，用大于实验数据最高值的某一数作为终点，这样坐标纸就能被充分利用。

5）曲线的描绘。不要求所有点都在此曲线上，但曲线两侧点数要相当，点至曲线的距离尽可能接近。

6）注释和说明。在图线空余合适的地方标明图名、作图人姓名、日期以及必要说明（如实验条件、温度等）。

（2）作图中常见的错误。

1）建立坐标系时，原点标注不正确或坐标分度比例不协调，导致图线太小或太偏，或是部分实验数据点超出坐标纸而丢失。

2）在坐标轴上标出测量值或在数据点旁标出坐标值。

3）徒手画坐标轴及图线，导致直线不直、曲线不光滑。

3. 图解法

（1）直线。若两个物理量之间为线性关系，把实测点画在直角坐标中可得一条直线。直线方程（两个物理量的关系函数）为 $y = b_0 + bx$，从图中求出 b_0 和 b：

从图中（不是在测量值中）找出两个较远的点 (x_1, y_1) 和 (x_2, y_2)，并把坐标值代入直线方程，有

$$y_1 = b_0 + bx_1$$
$$y_2 = b_0 + bx_2$$

解得

$$b = \frac{y_2 - y_1}{x_2 - x_1}, \quad b_0 = y_1 - \frac{y_2 - y_1}{x_2 - x_1} \cdot x_1$$

所以，所求直线方程为

$$y = \left(\frac{y_2 - y_1}{x_2 - x_1} \right) \cdot x + \left(y_1 - \frac{y_2 - y_1}{x_2 - x_1} \cdot x_1 \right) \tag{1-17}$$

一般，该直线的斜率与截距往往具有单位和较明显的物理意义。

（2）曲线。若两个物理量之间的关系为曲线关系，可采用曲线改直的方法进行研究。对较简单的函数关系，其步骤如下：①测量点在直角坐标中描点并用光滑曲线相连；②与数学中典型的函数图形对比，选其接近的函数关系；③进行变量替换，并在直角坐标中重新描点、相连，看其直线吻合的程度（第三步可按直线处理）。

（3）线性内（外）插法。若函数关系为线性时，因变量的变化随自变量的变化成比例；若函数关系为非线性时，如果自变量的变化范围很小，因变量的变化也很小，则可近似认为两个变量之间是线性变化关系。这时可以根据已知的两个数据求出中间值，这种方法称为线性内插法；而根据已知的两个数据求出其外侧某点的值的方法，称为外推法。

令 $y = b_0 + bx$

当 $x = x_1$ 时，$y = y_1$

当 $x = x_2$ 时，$y = y_2$

如果
$$x_1 \geqslant x' \geqslant x_2$$

因为
$$\frac{y_2 - y_1}{x_2 - x_1} = \frac{y' - y_1}{x' - x_1}$$

所以
$$y' = y_1 + \frac{y_2 - y_1}{x_2 - x_1}(x' - x_1) \text{（内插法）} \tag{1-18}$$

如果
$$x' \geqslant x_1 \geqslant x_2$$

则有
$$y' = y_2 + \frac{y_2 - y_1}{x_2 - x_1}(x' - x_2) \text{（外推法）} \tag{1-19}$$

4. 线性回归与最小二乘法

（1）线性回归。回归是一种用来研究自变量与函数关系的分析方法，根据回归模型的特点，回归可分为线性回归与非线性回归。在物理实验中，回归常用来解决从测量数据中寻找经验公式或提取参量一类的问题，是数据处理的重要内容。最小二乘法源于线性回归法，因线性回归法依据的数学方法是误差平方和最小，故线性回归法又称为最小二乘法。如果 x、y 之间具有线性关系，用最小二乘法对一个测量列 (x_i, y_i) 进行统计处理，求出最佳的直线方程，就称为一元线性拟合。最佳的直线方程 $y = b_0 + bx$ 称为拟合后的直线方程（也称回归方程），其中 b 和 b_0 称为回归系数。求回归方程的实质是求出回归系数 b 和 b_0，同样也可以用最小二乘法进行多元的线性拟合。

（2）最小二乘法原理。最小二乘法是一种常用的数据处理方法。其实质是对实验数据采用一定的统计方法进行拟合，寻找变量之间的所谓最佳的数学表达式——经验公式。

最小二乘法的原理是：利用所测得的一组实验数据 (x_i, y_i)，其中 $i = 1, 2, \cdots, n$，来求出一个误差最小且最佳的数学表达式 $y = f(x)$，使得测量值 y_i 与用最佳的数学表达式计算出的 $y = f(x_i)$ 值之间的残差的平方和最小，即

$$\sum_{i=1}^{i=k} [y_i - f(x_i)]^2 = \min \tag{1-20}$$

根据最小二乘法可以求出最佳经验公式中的待定系数，从而得到最佳经验公式。

（3）最小二乘法的使用。如果物理量 x、y 之间具有一定的函数关系

$$y = f(x) = bx + b_0$$

一般将误差较小的物理量作为自变量 x，而认为主要误差都出现在因变量 y 上，假定在

获得测量列（x_i，y_i）的过程中，不存在系统误差，而 y_i 的偶然误差互相独立，并且服从正态分布。则对应每一个 x_i，都有一个最佳的计算值 $\overline{y_i}$，而测量值 y_i 与对应的最佳计算值 $\overline{y_i}$ 之间的差值称为测量列 y_i 的残余偏差，记为 $\partial y_i = y_i - \overline{y_i}$。

令　　　　　　　$$F = \sum (\partial y_i)^2 = \sum (y_i - \overline{y_i})^2 = \sum [y_i - (bx_i + b_0)]^2 \qquad (1-21)$$

则根据最小二乘法原理，F 应该具有最小值。

由于各 x_i 和 y_i 为测量量，都是已知的，而 b 和 b_0 是未知的，因此 F 实际上是 b 和 b_0 的函数。由数学知识可知，当 F 对 b 和 b_0 的一阶导数为零时，F 具有极小值。

若　　　　　　　$$\frac{\partial F}{\partial b_0} = 0 \qquad (1-22)$$

则有　　　　　　$$\frac{\partial \sum [y_i - (bx_i + b_0)]^2}{\partial b_0} = 0$$

即　　　　　　　$$-2 \sum [y_i - (bx_i + b_0)] = 0$$

$$\sum y_i - \sum b_0 - b \sum x_i = 0$$

整理得　　　　　$$b_0 = \overline{y} - b\overline{x} \qquad (1-23)$$

若　　　　　　　$$\frac{\partial F}{\partial b} = 0$$

则有　　　　　　$$-2 \sum [y_i - (bx_i + b_0)] \cdot x_i = 0$$

将 b_0 代入　　　$$\sum [y_i - (\overline{y} - b\overline{x}) - bx_i] \cdot x_i = 0$$

即　　　　　　　$$\sum x_i y_i - \overline{y} \sum x_i + b\overline{x} \sum x_i - b \sum x_i^2 = 0$$

整理得　　　　　$$b = \frac{\sum x_i y_i - \dfrac{1}{n} \sum x_i \sum y_i}{\sum x_i^2 - \dfrac{1}{n} (\sum x_i)^2} \qquad (1-24)$$

令　　　　　　　$$L_{XX} = \sum (x_i - \overline{x})^2 = \sum x_i^2 - \frac{1}{n}(\sum x_i)^2 \qquad (1-25)$$

$$L_{XY} = \sum (x_i - \overline{x})(y_i - \overline{y}) = \sum x_i y_i - \frac{1}{n} \sum x_i \sum y_i \qquad (1-26)$$

则　　　　　　　$$b = \frac{L_{XY}}{L_{XX}} \qquad (1-27)$$

由解出的 b 和 b_0 可以确定 x 和 y 两变量间的函数关系式为

$$y - f(x) = bx + b_0 \qquad (1-28)$$

上述方法中求 b 和 b_0 的条件是：假设 x 和 y 两变量间是线性相关的，但是有些时候并没有太大把握知道它们一定线性相关，需要根据相关系数

$$r = \frac{\overline{xy} - \overline{x} \cdot \overline{y}}{(\overline{x^2} - \overline{x}^2)(\overline{y^2} - \overline{y}^2)} \qquad (1-29)$$

的大小来确定它们是否满足线性相关。

理论证明，相关系数 r 的值介于 0 和 ± 1 之间，如果 $|r| \leqslant 1$，并且 $|r| \rightarrow 1$ 时，x 和 y 满足线性相关，所有数据点在回归直线附近均匀分布，可以用最小二乘法处理数据。

（4）最小二乘法拟合直线中参数的不确定度。直线拟合中 y 的随机性引入的不确定度为

$S(y)$，若 F 为测量列的残余偏差，则

$$S(y) = \sqrt{\frac{F}{n-2}} \qquad (1-30)$$

若 $u_C(y)$ 表示直接测量量 y 的合成标准不确定度，则参数 b 和 b_0 的标准不确定度可以由下式确定

$$u(b_0) = \sqrt{\frac{1}{n} + \frac{(\overline{x})^2}{L_{XX}}} \cdot u_C(y) \qquad (1-31)$$

$$u(b) = \sqrt{\frac{1}{L_{XX}}} \cdot u_C(y) \qquad (1-32)$$

如果参数 b 和 b_0 的不确定度只是由 y 的不确定度所致，取包含因子 $k=2$，则

$$U_{b_0} = 2u(b_0), \quad U_b = 2u(b)$$

所以，参数 b 和 b_0 的结果为

$$b_0 = \overline{b_0} \pm U_{b_0}, \quad b = \overline{b} \pm U_b$$

（5）最小二乘法拟合中的有效数字处理。实验结果的有效数字位数由不确定度的所在位数决定，如果对参数的不确定度不做要求时，参数 b 和 b_0 的有效数字位数可做如下处理：

b 的有效数字位数至少保留 3 位；b_0 的有效数字位数与 y 的算术平均值的有效数字的末位相同。

【例 1-4】　测量某电阻在温度 x 下的电阻值为 y，见表 1-4。若忽略测量温度时的不确定度，求 0℃ 时的电阻以及温度每上升 1℃ 时电阻的增长率。测电阻的仪器误差限 ±0.02Ω。

表 1-4　　　　　　　　　　　　　　[例 1-4] 表

x(℃)	19.1	25.0	30.1	36.0	40.0	46.5	50.0
y(Ω)	76.30	77.80	79.75	80.80	82.35	83.90	85.10

解　电阻与温度之间的关系为线性关系，有

$$y = b_0 + bx$$

为求 b 和 b_0，可由计算器的统计功能（用 STAT 挡）算得

$$\overline{x} = \frac{1}{n} \sum x_i = 35.24℃ \quad \sum x_i = 246.7℃$$

$$\sum x_i^2 = 9454.1℃ \quad L_{XX} = \sum x_i^2 - \frac{1}{n}\left(\sum x_i\right)^2 = 759.7℃$$

$$\overline{y} = \frac{1}{n} \sum y_i = 80.86Ω, \quad \sum y_i = 566.0Ω$$

$$\sum y_i^2 = 45826.0 - \frac{1}{7}(566.0)^2 = 60.9(Ω)$$

计算各对应量乘积之和

$$\sum x_i y_i = 20162.0$$

$$L_{XY} = \sum x_i y_i - \frac{1}{n} \sum x_i \sum y_i = 20162.0 - \frac{1}{7} \cdot 246.7 \cdot 566.0$$

$$= 214.5(Ω \cdot ℃)$$

$$b = \frac{L_{XY}}{L_{XX}} = \frac{214.5}{759.7} = 0.2823(\Omega/℃)$$

$$b_0 = \overline{y} - b \cdot \overline{x} = 80.86 - 0.2823 \times 35.24 = 70.91(\Omega)$$

即每增加 1℃，电阻增加 0.282Ω，0℃时电阻为 70.91Ω，x 和 y 之间的关系为

$$y = 70.91 + 0.282x$$

5. 逐差法

在物理实验中，求解有时序的等间距变化的测量量的平均值，常用逐差法。逐差法就是把测量数据中具有时序的等间距变量进行逐项相减或按顺序分为两组进行对应项相减，然后将所得差值作为变量的多次测量值进行数据处理的方法，也可用逐差法来求多项式的系数。逐差法也称为环差法。

(1) 逐差法的优点。充分利用测量数据，具有对数据多次取平均的效果；可及时发现差错或数据的分布规律，及时纠正或及时总结数据规律；绕过某些定值未知量，可验证表达式或求多项式的系数。

(2) 应用举例。有一长为 L 的弹簧，在下端每增加质量为 m 的砝码时，弹簧底部固定的指针所指的刻度各为 n_0，n_1，n_2，n_3，n_4，n_5，n_6，n_7。显然每增加质量为 m 的砝码时，弹簧的伸长量各为

$$\Delta n_1 = n_1 - n_0, \Delta n_2 = n_2 - n_1, \Delta n_3 = n_3 - n_2, \Delta n_4 = n_4 - n_3,$$
$$\Delta n_5 = n_5 - n_4, \Delta n_6 = n_6 - n_5, \Delta n_7 = n_7 - n_6$$

每增加 1N 力的平均伸长量为

$$\Delta n = \frac{1}{7}(\Delta n_1 + \Delta n_2 + \Delta n_3 + \Delta n_4 + \Delta n_5 + \Delta n_6 + \Delta n_7)$$

$$= \frac{1}{7}[(n_1 - n_0) + (n_2 - n_1) + (n_3 - n_2) + (n_4 - n_3) + (n_5 - n_4) + (n_6 - n_5) + (n_7 - n_6)]$$

$$= \frac{1}{7}(n_7 - n_0)$$

这样求平均伸长量，式中 $n_1 \sim n_6$ 各测量值两两相互消去，只剩 n_0 和 n_7 两个量，也就是说采用这样的方法进行数据处理所得的平均值，只与第一个测量量和最后一个测量量有关，当然也就失去了多次测量的意义。逐差法克服了这一缺陷。

将数据分成如下两组：n_0，n_1，n_2，n_3；n_4，n_5，n_6，n_7。

求对应两项之差

$$\Delta n_1 = n_4 - n_0, \Delta n_2 = n_5 - n_1, \Delta n_3 = n_6 - n_2, \Delta n_4 = n_7 - n_3$$

再求平均值，则有

$$\Delta n = \frac{1}{4}(\Delta n_1 + \Delta n_2 + \Delta n_3 + \Delta n_4) = \frac{1}{4}[(n_4 - n_0) + (n_5 - n_1) + (n_6 - n_2) + (n_7 - n_3)]$$

这样可以有效利用所有测量所得的数据，保持多次测量的优越性。它的缺点是如果数据分组不同，计算结果也不相同，并且要求测量数据必须是偶数个，自变量是等间距变化的。

上述数据同样也可以用最小二乘法进行处理。

6. 计算器、计算机处理法

随着计算器和计算机的普及，数据处理软件很多，如 Excel、MATLAB 等，这里只简单介绍计算器和计算机的数据处理的功能。

（1）计算器的数据处理功能。用计算器处理数据时，使用最多的是计算器的统计功能。计算器的统计功能见表1-5。

表1-5　　　　　　　　　　　　　计算器的统计功能

字符	表达式	意义	按键
STAT		统计	Shift+STAT
n		显示已输入数据个数	
Σx	$\sum_{i=1}^{n} x_i$	显示已输入数据和	Shift+Σx
$\overline{x}$	$\frac{1}{n}\sum_{i=1}^{n} x_i$	显示已输入数据平均值	$\overline{x}$
Σx^2	$\sum_{i=1}^{n} x_i^2$	显示已输入数据平方和	Shift+Σx^2
S	$\sqrt{\dfrac{\sum_{i=1}^{n}(x_i-\overline{x})^2}{n-1}}$	显示单次测量的标准差	S
DATA		输入数据	数据+DATA（M+）
CD	CLEAR DATA	清除输入数据	

【例1-5】　电桥测量电阻的数据见表1-6，试求 n、Σx、$\overline{x}$、$\sum x^2$、S。

表1-6　　　　　　　　　　　　　［例1-5］表

电阻的测量数据							单位：Ω
测量次数	1	2	3	4	5	6	平均值
R	604.0	603.2	604.0	604.1	603.6	604.2	603.85

操作见表1-7。

表1-7　　　　　　　　　　　　　电桥测量电阻的具体操作

按键	显示	按键	显示
Shift+STAT	STAT 0	604.0 [M+]	3
604.0 [M+]	1	604.1 [M+]	4
603.2 [M+]	2	603.6 [M+]	5

（2）计算机的数据处理功能。利用计算机处理实验数据方便简洁，是常用的一种方式。用计算机的各种计算软件可以做不确定度计算、作图、做回归计算等，不同软件功能不同。这里主要介绍 Excel 软件处理功能。

1）实验计算中常用的 Excel 函数、工具及使用方法。

在"插入"菜单的"函数"子菜单中选取，主要有：

SQRT：开平方　　　　　AVERAGE：平均值　　　　　STDEV：任一次测量的标准偏差

SLOPE：直线的斜率　　INTERCEPT：直线的截距　　CORREL：相关系数

NORMDIST：正态分布概率　　　TINV：t 分布的置信因子 $t_\mathrm{p}(v)$

常用的计算工具在"工具"菜单的"数据分析"子菜单中选取。主要用"回归"工具求解最小二乘法中相关系数 a 和 b 及其不确定度。需要注意的是，每录入一个数据都要回车才能参加运算；显示的数据位数与数据格的宽度有关，并且自动进行"四舍五入"。

2）用 Excel 函数、工具及使用方法求解直线拟合问题。使用"回归"工具，如果在"工具"菜单中没有"数据分析"子菜单，或者是"数据分析"子菜单中没有"回归"工具，只要在"加载宏"子菜单中加载一次即可使用。

3）用 Excel 图表工具作图。物理实验图表大部分是因变量随自变量变化的，因此在"插入"菜单中选中"图表"后，一般在对话框中选择"XY 散点图"，并且根据需要选择图形，然后将两个变量链接到相应的数据区，填写变量名称单位和图表标题，并确定是否需要网格线等，对图形进行修改。

习　题

1-1　指出下列各数是几位有效数字。

（1）2.0000；（2）0.0300；（3）780.12300；（4）0.0001370；（5）0.00300；（6）0.146；（7）2.3002；（8）12.8000；（9）1.78。

1-2　改正下列错误，写出正确答案。

（1）$h=(6.8421\pm0.310)\mathrm{cm}$，$d=(16.43\pm0.52568)\mathrm{cm}$；

（2）0.38070 的有效数位数为 6 位，41.000 的有效数位数为 2 位，而 5.103 的有效数位数为 3 位。

（3）1.8dm=18cm=180mm；

（4）$E=(1.93\times10^{11}\pm6.79\times10^9)\mathrm{N/m^2}$。

1-3　把下面的数字修约成三位有效数字：

（1）1.0851；（2）0.86349；（3）37.053；（4）4.14159；（5）0.005000；（6）0.753500；（7）63.75；（8）13.7000；（9）8.652；（10）50.756。

1-4　利用有效数字运算规则，计算下列各式：

（1）95.644+1.3；（2）107.50−4.5；（3）121×0.10；（4）0.004/4.001；（5）237.5/0.10；

（6）$\dfrac{76.00}{40.00-2.0}$；（7）$\dfrac{400\times1500}{12.60-11.6}$；（8）$\dfrac{500.00\times(18.30-16.3)}{(103-3.0)\times(1.00-0.001)}$；（9）$\dfrac{100.0\times(5.6+4.412)}{(78.00-77.0)\times10.000}$

+110.0；（10）$V=\pi\left(\dfrac{D}{2}\right)^2 h$，$D=13.984\mathrm{mm}$，$h=0.005\mathrm{mm}$。

1-5　用天平称物体质量 m，测量结果见表 1-8，试求测量的结果（仪器的展伸不确定度为 0.004g，包含因子 $k=2$）。

表 1-8　　　　　　　　　　　　　　习题 1-5 表

测量次数	1	2	3	4	5	6	7	8	9
$m(\mathrm{g})$	36.121	36.122	36.127	36.120	36.125	36.124	36.120	36.126	36.125

1-6 在测量钢环密度的实验中，密度计算式为 $\rho=4m/\pi(D^2-d^2)h$，其中 m 为钢环的质量，D、d、h 分别是其外径、内径和厚度，试推导密度 ρ 的不确定度计算式。

1-7 一个实心圆柱体，用天平称量的质量为 $m=3.43\pm0.04$(g)（取包含因子 $k=2$），用千分尺（仪器的不确定度为 0.004mm，取包含因子 $k=2$）测其直径 d，用游标卡尺（仪器的不确定度为 0.02mm，取包含因子 $k=2$）测高度 h，测量数据见表 1-9，求该柱体的密度 ρ，并表示测量的结果。

表 1-9 习题 1-7 表

d (mm)	8.043	8.044	8.046	8.045	8.043	8.042	8.044	7.045	8.045
h (mm)	50.86	50.86	50.84	50.88	50.86	50.84	50.84	50.86	50.88

1-8 折射率 n 与两个角 α、β 有如下的关系 $n=\dfrac{\sin\frac{1}{2}(\alpha+\beta)}{\sin\frac{\alpha}{2}}$。

测得值为：$\alpha=60°\pm1'$，$\beta=59°59'\pm3'$，求折射率 n 及其不确定度（包含因子 $k=2$）。

1-9 牛顿环测平凸透镜的曲率半径参量之间的关系为：$D_m^2-D_n^2=4\lambda(m-n)R$，其中 D_m，D_n 各为第 m，n 级牛顿环的直径，$\lambda=589.3$mm（钠黄光的波长），R 为待测量—透镜的曲率半径，测量数据见表 1-10。上行为干涉条纹的环数，下行为牛顿环直径，单位为 mm。用最小二乘法，求平凸透镜的曲率半径 R。

表 1-10 习题 1-9 表

环数	50	49	48	47	46	45	44	43	42	41
直径 (mm)	15.987	15.823	15.654	15.493	15.329	15.155	14.985	14.817	14.637	14.453

提示：用最小二乘法处理数据。令 $y=D_m^2-D_n^2$，$x=m-n$，$b=4\lambda R$。则有 $y=bx$ 线性关系。取 x 的值为 $50-41=9$，$49-42=7$，$48-43=5$，$47-44=3$，$46-45=1$。并取对应的 y 值，这样取得 y 的量，从实测的数据中可以证明等精度。

1-10 如果在不同温度 t_i 下，测定铜棒的长度，见表 1-11，用最小二乘法计算 0℃时的铜棒长度 y_0 和铜棒的线膨胀系数 α，测温的不确定度可以忽略不计，测长仪仪器的误差限为 $\Delta_e=\pm0.02$mm。分别用逐差法、最小二乘法进行数据处理，并与作图法的结果相比较。

表 1-11 习题 1-10 表

$t_i/$ (℃)	10	20	25	30	40	45
$L_i/$ (mm)	2000.36	2000.72	2000.80	2001.07	2001.48	2001.60

提示：据热力学规律：$L_i=y_0(1+\alpha t_i)$ $(i=1,2,\cdots,6)$，式中 L_i 为温度为 t_i 时铜棒长度的测量值，α 为铜线膨胀系数，令：$y_0=b_0$，$y_0\alpha=b$，则上式可写成：$L_i=b_0+bt_i$，是线性关系。

第 2 章　基 础 性 实 验

实验 2.1　电学元件的伏安特性研究

通过电学元件的电流随外加电压变化而变化的关系为该电学元件的伏安特性。电路中有各种不同的电学元件，不同电学元件对应不同的作用，不同电学元件的伏安特性不同，了解电学元件的伏安特性对其在电路中正确使用非常重要。因此，电学元件的伏安特性测量是物理实验的基本测量之一。

【重点难点】

实验电路连接时，安培表内接和外接的选择。

【实验目的】

（1）了解线性电阻及二极管的伏安特性。

（2）掌握线性电阻、二极管伏安特性的测绘。

（3）了解分压电路，学会实验仪器的正确使用。

【实验仪器】

直流稳压电源、滑线变阻器、毫安表（微安表）、万用表、单刀开关、线性电阻、二极管。

【实验原理】

1. 电学元件的伏安特性

在某一电学元件两端加上直流电压，在元件内就会有电流通过，通过元件的电流与端电压之间的关系称为电学元件的伏安特性。一般以电压为横坐标和电流为纵坐标作出元件的电压电流关系曲线，称为该元件的伏安特性曲线。

对于碳膜电阻、金属膜电阻、线绕电阻等电学元件，在通常情况下，通过元件的电流与加在元件两端的电压成正比关系变化，即其伏安特性曲线为一直线。这类元件称为线性元件，如图 2-1（a）所示。至于半导体二极管、稳压管等元件，通过元件的电流与加在元件两端的电压不成线性关系变化，其伏安特性为一曲线。这类元件称为非线性元件，如图 2-1（b）所示。

2. 二极管简介

半导体二极管是一种常用的非线性元件，由 P 型半导体和 N 型半导体组成的 PN 结，加上相应的电极引线和管壳，就组成一个二极管。二极管伏安特性如图 2-2 所示。

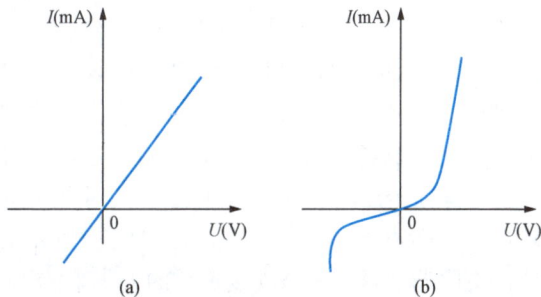

图 2-1　伏安特性曲线

（1）二极管的基本结构及主要参数。二极管的伏安特性包括正向特性、反向特性和反向击穿特性。

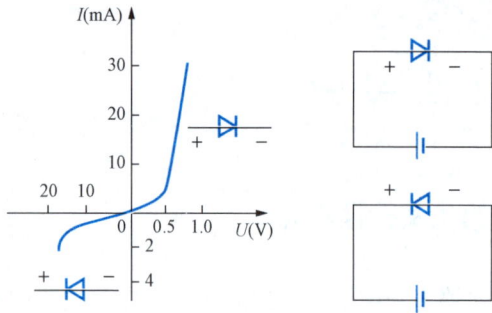

图 2-2　二极管伏安特性

二极管的主要参数有（交流环境）（整流用）：

1）最大整流电流 I_f：二极管长期工作时所允许的最大正向平均电流。当流经二极管的最大电流大于此值时，二极管会因发热而损坏。

2）最大反向电压 U_b：保证二极管不被击穿所允许施加的最大反向电压。

3）最大反向电流：二极管加上最高反向电压时的反向电流。该值越小，说明二极管的单向导电性越好。

（2）二极管的单向导电性。PN 结处加正向电压时，PN 结处于导电状态，此时的电阻称为正向电阻，值较小；PN 结处加反向电压时，PN 结处于截止状态，值较大。可用万用表的欧姆挡（百欧或千欧挡）测量二极管的阻值。

3. 分压电路及调节特性

（1）分压电路的接法。如图 2-3 所示，将变阻器 R 的两个固定端 A 和 B 接到直流电源 E 上，而将滑动端 C 和任一固定端（A 或 B，图中为 B）作为分压的两个出端接至负载 R_L。图中 B 端电位最低，C 端电位较高，CB 间的分压大小 U 随滑动端 C 的位置改变而改变，U 值可用电压表来测量。变阻器的这种接法通常称为分压器接法。分压器的安全位置一般是将 C 滑至 B 端，这时分压为零。

（2）分压电路的调节特性。如果电压表的内阻大到可忽略它对电路的影响，那么根据欧姆定律很容易得出分压为

$$U = \frac{R_{BC}R_L}{RR_L + (R - R_{BC})R_{BC}}E \qquad (2-1)$$

从上式可见，因为电阻 R_{BC} 可以从零变到 R，所以分压 U 的调节范围为零到 E，分压曲线与负载电阻 R_L 的大小有关。理想情况下，即当 $R_L \gg R$ 时，$U = \frac{R_{BC}}{R}E$，分压 U 与阻值成正比，即随着滑动端 C 从 B 滑至 A，分压 U 从零到 E 线性地增大。

当 R_L 不是比 R 大很多时，分压电路输出电压就不再与滑动端的位移成正比了。实验研究和理论计算都表明，分压与滑动端位置之间的关系如图 2-3 的曲线所示。R_L/R 越小，曲线越弯曲，这就是说当滑动端从 B 端开始移动，在很大一段范围内分压增加很小，接近 A 端时分压急剧增大，这样调节起来不太方便。因此作为分压电路的变阻器通常要根据外接负载的大小来选用。必要时，还要同时考虑电压表内阻对分压的影响。

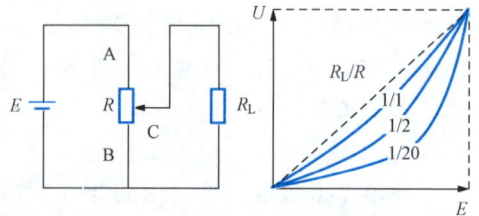

图 2-3　分压电路及分压特性

4. 实验线路的比较与选择

当测一个电学元件的伏安特性曲线，需要同时测量流过元件的电流值及元件两端的电压值。其电路连接有两种可能，如图 2-4 所示。由于电表的影响，无论采用哪种接法，都会

产生接入误差。如何采用下面给出分析。

（1）电流表内接。当电流表内接时，如图 2-4（a）所示。电压表读数比电阻端电压值大，这时应有

$$R = \frac{U}{I} - R_{g} \qquad (2-2)$$

（2）电流表外接。电流表外接时，如图 2-4（b）所示。电流表读数比电阻 R 中流过的电流大，这时应有

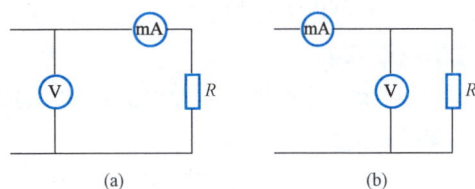

图 2-4　安培表内接法和外接法

$$\frac{1}{R} = \frac{I}{U} - \frac{1}{R_{V}} \qquad (2-3)$$

显然，如果简单地用 U/I 值作为被测电阻值，电流表内接法的结果偏大，而电流表外接法的结果偏小，都有一定的系统性误差。在需要作这样简化处理的实验场合，如果为了减小上述系统性误差，测电阻的方案就可这样选择：当 $R \gg R_{g}$ 时，选电流表内接法。当 $R \ll R_{V}$ 时，选用电流表外接法。

【实验内容及操作】

（1）测绘线性电阻的伏安特性。根据实验室给出的待测线性电阻，选择电路连接方式并连接好实验电路，将测量数据填入表格。

（2）测绘二极管的伏安特性。根据实验室给出的二极管，选择电路连接方式并连接好实验电路，将测量数据填入表格，二极管需要完成正向测量和反向测量。

操作视频

实验 2.1　电学元件的
伏安特性研究

【数据处理】

（1）根据测量数据作出线性电阻的伏安特性曲线。

（2）利用最小二乘法计算出线性电阻的阻值。

（3）根据测量数据作出二极管的伏安特性曲线。

【注意事项】

（1）每次连接或拆电路时首先要断开电源，不带电操作。

（2）测量二极管正向伏安特性时，二极管正向电流随所加电压的增加很快，注意电流的控制，毫安表读数不得超过二极管最大允许电流。

（3）测量二极管反向伏安特性时，加在二极管上的反向电压不得超过反向击穿电压。

【思考题】

1. 伏安特性曲线的斜率代表什么？曲线各处的斜率不同，说明什么？

2. 用量程为 2.5V、内阻为 50kΩ 的电压表和量程为 250μA、内阻为 400Ω 的电流表去测阻值约为 400Ω 和 40kΩ 的两只电阻，试画出其测量电路图。

3. 本实验中滑线变阻器起到什么作用？

4. 伏安法测电阻的接入误差是由什么因素引起的？如何减小？

实验 2.2　灵敏电流计的研究

灵敏电流计也称检流计，是一种灵敏度高的磁电式电流表，可用来测量 $10^{-11} \sim 10^{-8}$ A

的弱电流，也可以用来测量 $10^{-11}\sim10^{-8}\,\mathrm{V}$ 的温差电动势等微小电压。灵敏电流计也经常用作检流计，如可作为电桥、电位差计中的示零仪器，以提高测量灵敏度。

【重点难点】

正确连接实验线路；灵敏电流计的零点调节；光标位置的观测。

【实验目的】

（1）了解灵敏电流计的结构及工作原理，并学习其调节和使用方法。

（2）了解灵敏电流计的三种运动状态。

（3）学习测定灵敏电流计常数和电流计内阻的方法。

【实验仪器】

灵敏电流计，滑线变阻器，伏特计（3V），电阻箱，电阻板，换向开关，单刀开关，1号干电池。

【实验原理】

（1）灵敏电流计结构及工作原理。灵敏电流计结构如图2-5和图2-6所示。

1）磁场部分如图2-5所示。磁场由永久磁铁产生，圆柱形软铁芯F使磁场呈均匀辐射状。

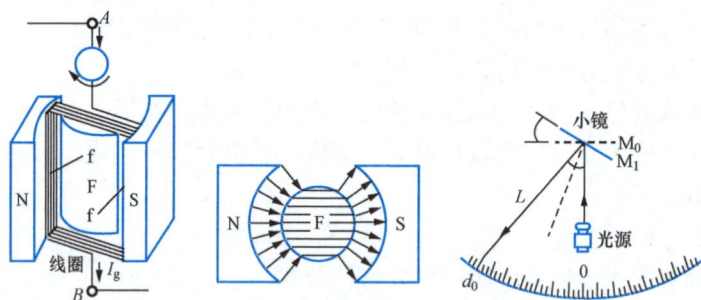

图2-5　灵敏电流计的主要组成部分

2）偏转部分。为了提高仪器的灵敏度，线圈的绕线很细，匝数很多。线圈用一根金属丝（铍青铜丝）悬挂起来，这根细丝称作悬丝。当线圈通有电流时，线圈以悬丝为轴转动，悬丝上粘有小反射镜，由它反射线圈偏转的角度，灵敏电流计的内部构造如图2-6所示。

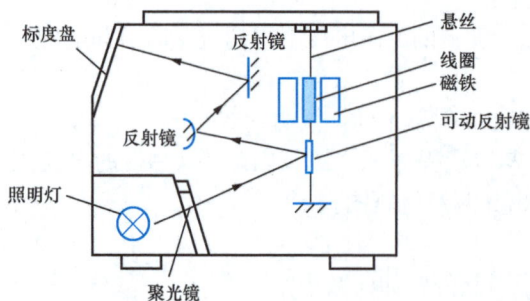

图2-6　灵敏电流计的内部构造

照明灯发出的光线射到可转动的小反射镜上，经小镜反射后投射到标度盘，呈现出一个中央有竖线的光标。线圈转动时，光标随着偏转。

3）读数部分。当线圈有电流时，线圈在磁场中受到磁力矩 L_M 作用而发生偏转，悬丝被扭转，由于弹性，悬丝产生反方向的弹性扭转力矩 $L_{弹}$，使线圈偏转一定角度后达到平衡。磁力矩和扭转力矩的大小可以证明为

$$L_\mathrm{M} = NBSI_\mathrm{g} \tag{2-4}$$

$$L_{弹} = -D\varphi \qquad (2-5)$$

式中：N 为线圈的匝数；S 为线圈的面积；B 为磁感应强度；I_g 为通过线圈的电流；D 为悬丝的扭转常数；φ 为线圈的偏转角。式（2-5）中负号表示 $L_{弹}$ 与 φ 反方向。当力矩达到平衡时，设此时偏转角为 φ_0，则有

$$I_g = \frac{D}{NBS}\varphi_0 \qquad (2-6)$$

其中，D、N、S、B 各量对一定的电流计都是确定的数值。由此可见，所通电流 I_g 与偏转角度 φ_0 之间为正比例关系，即 $I_g \propto \varphi_0$。通过偏转角 φ_0 可以测定所通电流 I_g，又因为线圈偏转 φ_0 时，光标在标度盘上偏移 d 格，二者之间也是正比关系，即 $\varphi_0 \propto d$。故上式可以改写成

$$I_g = Kd \qquad (2-7)$$

比例常数 K 称为灵敏电流计的电流常数（即仪器铭牌上的分度值），它由电流计本身的结构决定，单位是安培/毫米（或安培/分度）。即光标偏转 1mm 所对应的电流值。因此，只要测定了电流计的电流常数 K，就可以从标尺的读数求出电流 I_g。$\frac{1}{K} = S$，S 称为电流计的电流灵敏度，表示单位电流引起光标移动的距离。显然电流常数越小或电流灵敏度越大，电流计越灵敏。

（2）电流计线圈的阻尼特性。分析一台正在测量中的灵敏电流计，如图 2-7 所示，如果突然将开关 K 断开而使电流中断，则线圈在悬丝扭转力矩作用下将返回平衡位置。注意到在线圈运动过程中，由于穿过线圈截面的磁通量变化，必将产生感应电动势，即

$$\varepsilon \propto \frac{\mathrm{d}\varphi}{\mathrm{d}t} \qquad (2-8)$$

并在回路中形成感应电流，即

$$i \propto \frac{1}{R_g + R_{外}} \cdot \frac{\mathrm{d}\varphi}{\mathrm{d}t} \qquad (2-9)$$

式中：R_g 为灵敏电流计的内阻；$R_{外}$ 为外电路总的等效电阻，它在数值上等于若将灵敏电流计取走，A、B 两点间电路的等效电阻。

图 2-7　灵敏电流计工作电路

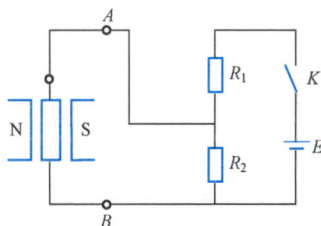

由楞次定律可知，感应电流 i 与磁场作用的结果，必将阻止线圈的运动，即产生所谓"电磁阻尼"现象。感应电流越大，阻尼作用越强。显然，控制 $R_{外}$ 的大小，就可以控制阻尼作用的强弱从而控制阻尼线圈的运动状况。

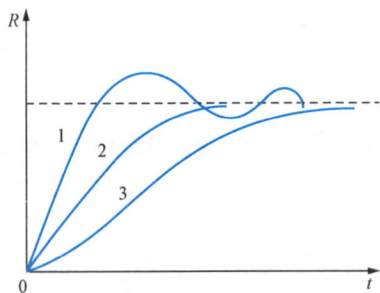

1）当 $R_{外} \to \infty$ 时，线圈运动基本不受电磁阻尼作用，因此将在平衡位置附近做周期振荡，长期不能稳定下来，这是"无阻尼状态"。

2）当 $R_{外} < \infty$ 时，线圈就处在阻尼状态下，实验与理论证明，对于一个检流计，当 $R_{外}$ 大于某个确定值 R_K 时，即 $R_K < R_{外} < \infty$，线圈将受到阻尼作用而做衰减的周期振动，如图 2-8 中曲线 1 所示，称为"欠阻尼状态"。

3）当 $R_{外} < R_K$ 时，电磁阻尼较强，线圈转动很慢，并做非周期运动，如图 2-8 中曲线 3 所示。称为"过阻

图 2-8　线圈的阻尼特性曲线

尼状态"，R_K 称为灵敏电流计的"外临界电阻"。

4）当 $R_外＝R_K$ 时，电流计线圈正好处于由衰减的周期运动过渡到非周期运动之间的临界状态。这时，线圈快速返回平衡位置，而光标不往返摆动，如图 2-8 中曲线 2 所示。这种状态称为"临界阻尼状态"。一般说来，灵敏电流计的临界阻尼状态，是它的最理想的工作状态。

当 $R_外＝0$ 时，即外电路短接时，阻尼最强。仪器使用中常与检流计并联一个按键开关，称为阻尼开关。当电流计光标偏转到需要制动的位置时，只需接通阻尼开关，线圈即可立即停转，给测量带来很多方便。

不难分析，当灵敏电流计通入电流的瞬间，线圈运动的规律完全与通过电流计突然中断电流的情况相似。

（3）AC15 型直流复射式检流计的使用。AC15 型直流复射式检流计的面板如图 2-9 所示。使用方法如下：

1）接通电源。在接通电源（220V）前，应先检查电源插头是否插在"220V"插口（在后面）里，"电源"开关置于"220V"一侧。

2）零点调节。接通电源后，在标尺上应该有光标出现。如果找不到，可将检流计的"分流器"置于"直接"处，如有光标出现，则可调节"零点调节"器，将光标调至标尺中央。"零点调节"器为零点粗调，"标尺活动调零器"（标尺上的一个金属小圆柱体）为零点细调，左右移动小柱体，可使光标落在标尺的零度线上。注意光标的走向与"零点调节器"的旋回相反（最好在临界状态下调零，连好电路，打开换向开关，将 R 调到临界电阻附近）。

3）分流器的使用。测量时，检流计的"分流器"应选用高灵敏度挡（×1）或"直接"挡测量。在测量中若光标摇晃不停时，可将"分流器"旋到"短路"挡，使检流计受到阻尼。

（4）实际测量电路如图 2-10 所示，为二次分压测量线路。其中：E 为电源（1.5V），K_1 为电源开关，G 为灵敏电流计，K_2 为换向开关，V_0 为伏特计，K_3 为阻尼开关，R_0 为滑线变阻器，R_g 为灵敏电流计内阻，R 为电阻箱，$R_1＝1\Omega$，$R_2＝1\text{k}\Omega$。

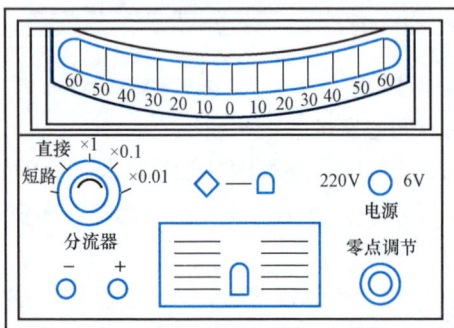

图 2-9　AC15 型直流复射式检流计的面板

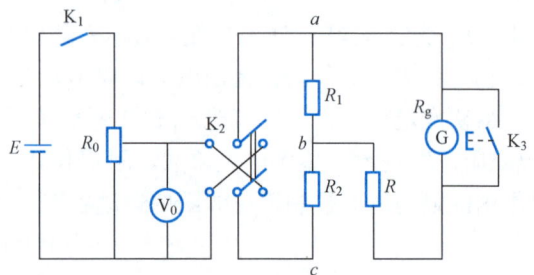

图 2-10　实际测量电路

在电路中，滑线变阻器 R_0 组成第一道可调分压器，分出电压 V_0，V_0 加到由 R_1 和 R_2 两个电阻组成的固定分压比的第二道分压器上。一般取 $R_1 \ll R_2$，以便在 R_1 上获得足够小的电压 V_{ab}。将 V_{ab} 加到灵敏电流计 G 上，使电流计有一定的偏转 d。

设 R_{ab} 表示 R_g、R 和 R_1 并联电路的有效电阻，则

$$R_{ab} = \frac{R_1(R + R_g)}{R_1 + R + R_g}$$

根据串联电路的特点，有

$$I = \frac{V_{ab}}{R_{ab}} = \frac{V_0}{R_{ab} + R_2}$$

当 $R_1 \ll (R + R_g)$ 时，$R_{ab} \approx R_1$，又若 $R_1 \ll R_2$，则 $R_{ab} \ll R_2$，因此

$$V_{ab} = \frac{V_0}{R_2 + R_{ab}} \cdot R_{ab} = \frac{V_0}{R_2} \cdot R_{ab}$$

于是，通过灵敏电流计的电流为

$$I_g = \frac{V_{ab}}{R + R_g} = \frac{V_0 R_{ab}}{(R + R_g)R_2} = \frac{V_0}{R_2} \times \frac{R_1(R + R_g)/R_1 + R + R_g}{R + R_g} = \frac{V_0 R_1}{R_2(R_1 + R + R_g)}$$

由式（2-7）可知，$K = \dfrac{I_g}{d}$，故上式可写成

$$R_1 V_0 = (R_1 + R + R_g)R_2 K d \tag{2-10}$$

利用式（2-10），可从实验角度来确定 K 及 R_g 两参数的数值。

具体方法如下：

由图 2-10，调节 R_0，使 V_0 从 V_0' 变化到 V_0''，调节灵敏检流计的限流电阻 R，使 R 从 R' 变化为 R''，并保持光标偏转格数 d 不变，R_1 和 R_2 不变，则由式（2-10）可得

$$R_1 V_0' = (R_1 + R' + R_g)R_2 K d$$
$$R_1 V_0'' = (R_1 + R'' + R_g)R_2 K d$$

将上面两式相减，并令 $\Delta V_0 = V_0'' - V_0'$，$\Delta R = R'' - R'$，则有

$$R_1 \Delta V_0 = R_2 K d \Delta R \tag{2-11}$$

所以灵敏电流计常数 K 为

$$K = \frac{R_1}{R_2 d}\left(\frac{\Delta V_0}{\Delta R}\right) \tag{2-12}$$

调节 R_0，使 V_0 从 V_0' 变化到 V_0''，调节灵敏检流计的限流电阻 R，使 R 从 R' 变化为 R''，并保持光标偏转格数 d 不变，即保持流过灵敏电流计的电流 I_g 不变，则有

$$\frac{V_0'}{R' + R_g} = \frac{V_0''}{R'' + R_g}$$

操作中，选取 $V_0'' = 2V_0'$，由上式可得电流计的内阻 R_g 为

$$R_g = R'' - 2R' \tag{2-13}$$

【实验内容及操作】

操作视频

测量灵敏电流计常数 K 及其内阻 R_g。

（1）调零。按图 2-10，采用同路接线法接好线路。将换向开关 K_2 断开，将电阻箱 R 调到 90kΩ，使其接近临界电阻值，把分流器置向"直接"挡，调节"调零"旋钮，使检流计指零。

实验 2.2 灵敏电流计的研究

（2）测量。合上开关 K_1，调节滑线变阻器 R_0，使伏特表的读数 V_0 分别为表格所示，闭合换向开关 K_2，调节电阻箱 R，使光标分别向左和向右各偏转 60 个格，即保持 $d = 60$mm，记录各对应的电阻箱 R 读数。

【数据处理】

（1）计算灵敏电流计常数 K。

（2）计算灵敏电流计的内阻 R_g。

【注意事项】

（1）注意保护检流计中的悬丝，轻拿轻放，在改变电路或在使用结束及移动检流计时，均应将"分流器"旋到短路挡，使检流计线圈处于短路状态。

（2）注意由 R_1 和 R_2 两个电阻组成的固定分压比的第二道分压器中 R_1 和 R_2 的接线，切勿接错，以免损坏检流计。

（3）按图 2-10 接好电路，合上开关 K_1 时，换向开关 K_2 应先断开，检查无误后，再接通换向开关 K_2。

【思考题】

1. 电流计为什么比一般电表灵敏？使用时要注意哪些事项？

2. 电流计闲置时，为什么要短路？

实验 2.3　拉伸法测金属丝的杨氏弹性模量

物体在外力作用下，在一定限度内会发生弹性形变，此时物体内将产生恢复内应力。杨氏弹性模量是反映材料形变与内应力之间关系的物理量，是选择机械构件材料的依据。本实验采用光杠杆法测量金属丝的杨氏弹性模量。

【重点难点】

重点：光杠杆测量微小长度的原理。

难点：掌握光杠杆放大系统的调节方法。

【实验目的】

（1）学会用拉伸法测金属丝的杨式弹性模量。

（2）掌握用光杠杆测量微小长度的原理。

（3）学习用逐差法处理数据。

【实验仪器】

杨氏模量仪（附光杠杆、望远镜和标尺）、1kg 砝码若干、米尺、千分尺。

【实验原理】

固体在外力作用下都会发生形变。同外力与形变相关的两个物理量应力和应变之间的关系一般是较为复杂的。最简单的情况是：一根细长的均匀棒状固体，只受轴向外力的作用，此时可以认为该物体只产生轴向形变。若该棒状物体的长度为 L，横截面积为 S，在轴向力 F 的作用下，形变是轴向伸缩，且为 ΔL，在弹性范围内，应力 F/S 和应变 $\Delta L/L$ 成正比，即

$$\frac{F}{S} = Y\frac{\Delta L}{L} \tag{2-14}$$

式中：Y 为比例系数，为该固体的杨氏模量。在国际单位制中，N/m^2，或记做 $N \cdot m^{-2}$。杨氏模量是描述固体材料抵抗形变能力的物理量。

本实验用拉伸法测量金属丝的杨氏模量，用光放大法测量微小长度变化量。实验中若金属丝原长为 L，横截面积为 S，沿其长度方向受拉力 F 作用的伸长量为 ΔL，其杨氏模量为

$$Y = \frac{LF}{S\Delta L} \tag{2-15}$$

式中：ΔL 为用一般长度量具不易准确测量的微小量，本实验使用光杠杆放大法对其进行测量。

杨氏模量装置如图 2-11 所示，尺读望远镜结构如图 2-12 所示。

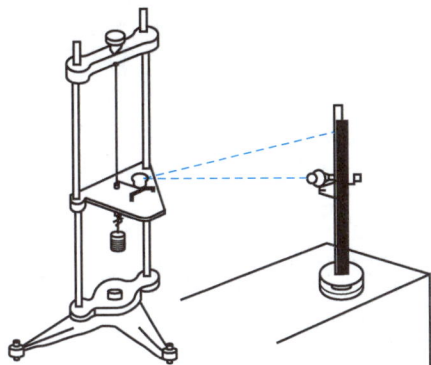

图 2-11 杨氏模量装置

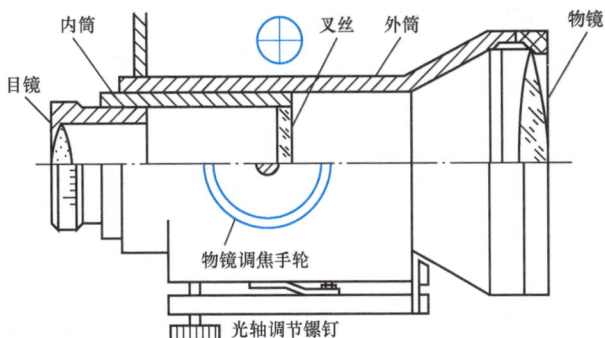

图 2-12 尺读望远镜结构图

如图 2-13 所示，试样是直径为 d 的均匀金属丝，其上端固定在两根立柱支撑的钢梁 A 处，金属丝下端有一环 Q，其环上挂有砝码钩。C 为中间有一个小孔的圆柱体，金属丝从中穿过。实验时，圆柱体是用螺旋卡头固定在金属丝上的。金属丝上下止紧间的距离即为式样的原长 L，G 是可在两支柱上调节高低位置的平台。平台上开有一孔，圆柱体 C 可在孔中上下自由运动。光杠杆 M（即平面反射镜）下方两尖足置于平台的沟槽内，主杆尖足放在圆柱体 C 的上端面上，调节支柱底部三个调平螺钉和平台 G 两边的调平螺钉使支柱铅直（加砝码后，金属丝与两根竖直支架平行），平台 G 达水平状态，光杠杆臂水平。

光杠杆放大原理如图 2-13 所示，反射镜到标尺的距离为 D，光杠杆长度为 b，经光杠杆镜片反射后，从望远镜中叉丝横线处看到的标尺读数为 n_0。当放在砝码钩上的砝码增加（或减少）时，金属丝将伸长（或缩短）ΔL，光杠杆的主杆尖足也随圆柱 C 一起下降（或上升）ΔL，使主杆 b 转过角度 α，如图 2-13（b）所示，镜面 M 随之转到 M′位置（也转过角度 α）。根据反射定律，镜片反射的光线方向将改变 2α。这时从望远镜中叉丝横线处看到的标尺读数变为 n。

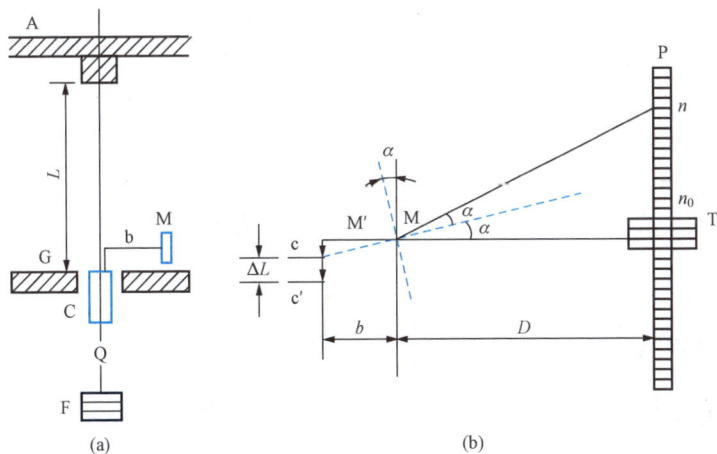

(a)

(b)

图 2-13 光杠杆放大原理

由图 2-13 中的几何关系不难得出

$$\tan\alpha = \frac{\Delta L}{b}, \tan2\alpha = \frac{n-n_0}{D}$$

由于 α 很小，则近似地有

$$\alpha = \frac{\Delta L}{b}, 2\alpha = \frac{n-n_0}{D}$$

由此可得

$$\Delta L = \frac{b}{2D}(n-n_0) \qquad\qquad (2-16)$$

一般情况下，b 为 4～8cm，D 为 1～2m，光杠杆放大倍数（$2D/b$）可达 20～100 倍。

由式（2-15）和式（2-16）可得

$$Y = \frac{8LD\Delta F}{\pi d^2 b \Delta n} \qquad\qquad (2-17)$$

根据式（2-17），测出 L、D、d、b、ΔF 和 Δn，即可求出杨氏模量 Y。

【实验内容及操作】

（1）首先在砝码盘上预置 1kg 砝码，使金属丝拉直，以此为测量起点。

（2）将光杠杆前两尖足放在小平台的沟槽内，后尖足（主杆尖足）放在圆柱体上。为了使圆柱体 C 与平台孔壁不相碰，以减小摩擦，必须调整底座螺钉和平台两边的调平螺钉使平台 G 保持水平。反射镜面应与主杆 b 保持垂直。

操作视频

实验 2.3 拉伸法测金属丝的
杨氏弹性模量

（3）调节望远镜的高度使光杠杆镜面与望远镜等高共轴。调节望远镜的左右位置、水平方向、竖直方向和标尺的位置，在望远镜视场中看到清晰、明亮的标尺刻度，为消除圆柱体与平台孔壁之间的微小摩擦和金属丝长度变化的滞后引起的系统误差，采用"异号法"处理数据。即：需要分别记录每增加 1kg 砝码对应的标尺的读数和每减少 1kg 砝码标尺的读数，记下对应相同砝码重量的标尺读数 n_i' 和 n_i''。计算时标尺的读数取平均值 $n_i = \frac{n_i' + n_i''}{2}$。并且增加砝码和减少砝码应分别连续进行。

（4）用米尺测量金属丝原长 L、镜尺距离 D，用卡尺测量光杠杆长度 b。

（5）将光杠杆三尖足压在铺平的白纸上，压出三尖足位置痕迹，用铅笔画出由三尖足形成的三角形，并作出顶点到底边的垂线，用游标卡尺量出此垂线的长度即为光杠杆杆臂长度 b。

（6）用千分尺在试样的上、中、下部位各测量 2 次直径 d_i，然后求出直径的平均值 $\overline{d}$。注意：测量直径前要记下千分尺的"零点误差" d_0，并对其进行修正。

【数据处理】

（1）用逐差法求出 Δn。

（2）将各测量值代入公式 $Y = \frac{8LD\Delta F}{\pi d^2 b \Delta n}$，求出杨氏模量 Y 的平均值。

【注意事项】

（1）加减砝码时，动作要轻，尽量使金属丝静止、不摆动。

（2）用千分尺测量金属丝的直径时，不要压得过紧，听到"啪啪"声后即可读数。

【思考题】

1. 本实验中必须满足哪些实验条件？在本实验中，关键是测哪几个量？

2. 简述光杠杆的放大原理，其放大倍数是否越大越好？

3. 光杠杆镜尺法有何优点？怎样提高测量微小长度变化的灵敏度？

4. 材料相同，粗细长度不同的两根钢丝，它们的杨氏弹性模量是否相同？

实验 2.4 动量守恒和机械能守恒定律研究

气垫导轨是一种力学实验仪器。它是利用从导轨表面小孔喷出的压缩空气气流，使导轨表面与滑块之间形成一层很薄的气垫将滑块浮起来。这样，当滑块在导轨表面运动时，只受很小的空气黏滞力和周围空气阻力，就可以做近似无摩擦运动，提高了实验的准确性。气垫导轨如图 2 - 14 所示。

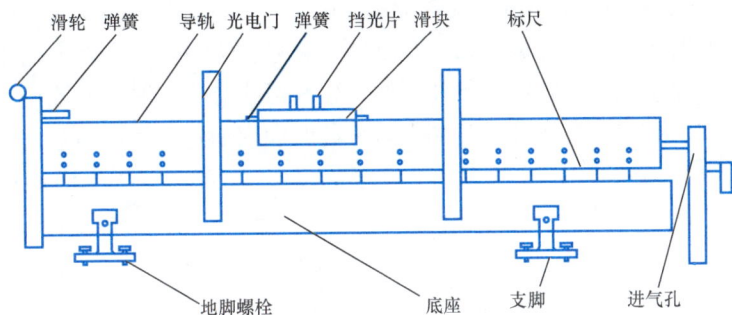

图 2 - 14 气垫导轨

近年来，气垫技术在交通运输、机械等工业部门得到实际应用，如气垫船、飞机气垫起落架和空气轴承等。这些气垫装置的应用可以提高运行速度，减少机械磨损，延长使用寿命。

【重点难点】

气垫导轨的调整。

【实验目的】

（1）熟悉气垫导轨的原理与调整方法。

（2）了解数字毫秒计的使用方法。

（3）在弹性碰撞和完全非弹性碰撞两种情况下，验证动量守恒定律。

（4）验证机械能守恒定律。

【实验仪器】

气垫导轨，滑块，数字毫秒计，气源，垫块，钩码。

（1）导轨。导轨是由一根长度约为 1.5m 的三角形铝管制成。一端用堵头封死，另一端装有进气嘴，可向管腔送入压缩空气。在铝管相邻的两个侧面上，钻有两排等距离的喷气小孔，小孔直径约为 0.4mm，当压缩空气进入管腔后，就从喷气小孔喷出。压缩空气由气泵供给。

（2）滑块。滑块由长约20cm的角铝做成，其内表面与导轨的两个侧面精确吻合。当导轨的喷气小孔喷气时，在滑块与导轨间形成很薄的气垫，滑块就"漂浮"在气垫上，可以自由滑动。滑块两端装有缓冲弹簧。滑块上面还附有用来测量时间间隔的挡光片。

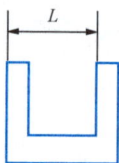

图 2-15　光电门

（3）光电门（见图2-15）。导轨上可安放两个光电门，它由红外线发射管（或小灯泡）和光敏管组成。光敏管和数字毫秒计相连，利用光敏管受光照和不受光照时的电位变化，产生电脉冲来控制数字毫秒计"计"和"停"，进行计时。

（4）垫块。用以改变气垫导轨斜度，根据不同要求，可将不同厚度的垫块放在导轨的单脚调节螺丝下，构成不同坡度的斜面。

（5）地脚螺栓。共有三个地脚螺栓，一端是单脚螺栓，另一端有两个螺栓用以调节导轨水平。

（6）标尺。固定在导轨的一侧，可读出光电门的位置。

（7）数字毫秒计简介。数字毫秒计前面板如图2-16所示。数字毫秒计是测量时间间隔的数字仪表，它可以测量的最小时间间隔是0.1ms，最大量程为99.99s。其计数原理是利用石英晶体稳定的振荡而产生10kHz的脉冲，即每秒钟内产生一万个脉冲之间的时间间隔就是万分之一秒，即0.1ms。脉冲信号在开始计数和停止计数的时间间隔内，推动计数器计数。一个脉冲计一个数，并且从开始计到停这一段时间内通过计数器所计的数字，直接由数码管显示出来。

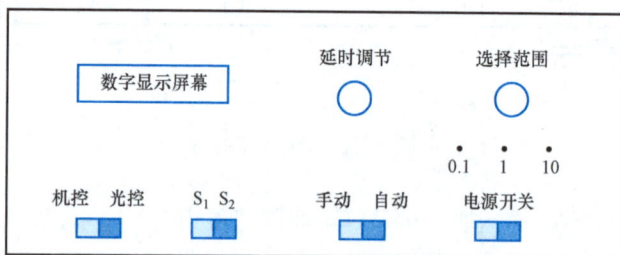

图 2-16　数字毫秒计前面板

数字毫秒计可用光电信号控制开始和停止计时。用光控制，有 S_1、S_2 两种计时方式。使用 S_1 挡，记录遮光时间，即光断计时，光通停计；使用 S_2 挡，记录两遮光信号的时间间隔，即第一次遮光计时，第二次遮光停计。自动复位和手动复位是指数码管显示的数字恢复为零的方式。

【实验原理】

1. 动量守恒定律

系统不受外力或所受外力的矢量和为零，则系统总动量保持不变，这一结论称为动量守恒定律。

由于空气的黏滞阻力的影响，滑块在充了气的水平导轨上运动时，是不可能匀速的，动量也就不可能保持守恒。图2-17所示滑块在气垫导轨上受力情况为

$$mg\sin\theta - F = ma \tag{2-18}$$

$$F = kv \tag{2-19}$$

式中：m 为滑块的质量；v 为滑块的速度；F 为空气的黏滞力，即滑块受到与其速度 v 呈正比且与速度 v 的方向相反的空气阻力。

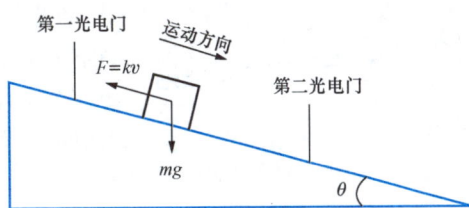

图 2-17 滑块受力分析

理论和实践都可以证明，这个力很小，但不能忽略。要改变滑块的运动状况有两种方法：

（1）调整导轨地脚螺栓改变导轨面与水平面之间夹角 θ。

（2）改变滑块的初速度 v。

从式（2-18）和式（2-19）可知：只有当 $mg\sin\theta=kv$ 时，滑块将匀速运动。我们把滑块做匀速运动的速度称为恰当速度。毫秒计中显示的对应时间称为恰当时间。滑块自第一个光电门（t_1 时刻）至第二个光电门（t_2 时刻）以恰当速度（匀速）运动，那么在这一时间间隔中滑块所受的合外力为零。满足动量守恒定律成立的条件。

处于不同状态（θ 角不同）的导轨有不同的恰当速度，且恰当速度有一个范围，就是说滑块匀速运动时，经两个光电门时显示出来的 $\Delta t_1=\Delta t_2=\Delta t$ 有一个范围。不同导轨，处于不同的运动状态，其范围不一样。范围宽的导轨容易找到恰当速度及其范围，实验操作就简便。调整气垫导轨，实际上就是寻找合适的恰当速度的范围。

设两个滑块质量为 m_1 和 m_2，它们碰撞前的速度分别为 v_{10} 和 v_{20}，碰撞后的速度分别为 v_1 和 v_2，则按动量守恒定律有

$$m_1v_{10}+m_2v_{20}=m_1v_1+m_2v_2 \tag{2-20}$$

为简化起见，可事先取定 $v_{20}=0$，则有

$$m_1v_{10}=m_1v_1+m_2v_2 \tag{2-21}$$

验证动量守恒也可分以下两种情况进行研究。

（1）弹性碰撞。弹性碰撞的特点是碰撞前后系统的动量守恒及机械能守恒。实验中两个滑块装有缓冲弹簧的端部相撞，滑块相碰时缓冲弹簧先发生弹性变形随后恢复原状，机械能损失很小，可近似认为碰撞前后的总动能不变。可知碰撞前后速度关系为：

设 $$m_1=m_2$$
则 $$v_1=0, v_2=v_{10} \tag{2-22}$$

即两个滑块碰撞后交换速度，原来静止的滑块 m_2 以 v_{10} 运动，原来运动的滑块 m_1 静止。

（2）完全非弹性碰撞。完全非弹性碰撞的特点是：两滑块碰撞后以同一速度运动。实验时让两滑块用有尼龙搭扣的端部相碰撞，就可实现完全非弹性碰撞，此时动量守恒，但机械能不守恒，从式（2-21）可得

$$m_1v_{10}=(m_1+m_2)v \tag{2-23}$$

同样由 $m_1=m_2$，有

$$v=\frac{1}{2}v_{10} \tag{2-24}$$

2. 机械能守恒定律

由若干物体所组成的系统，如果系统内只有保守力做功，其内力和一切外力都不做功，那么系统内各物体的动能和势能可以互相转换，但总的机械能保持不变，即

$$E_k+E_p=常量或\Delta E_k+\Delta E_p=0 \tag{2-25}$$

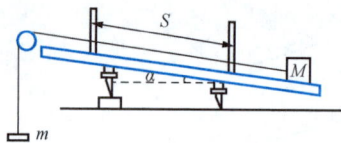

图 2-18　实验装置

将垫块放置于气轨的一个地脚螺栓下，使气轨与水平面呈夹角 α，再把质量为 m 的砝码以细绳跨过气轨滑轮与质量为 M 的滑块连接，如图 2-18 所示，当砝码从高处下落时，滑块沿着斜的导轨向上运动，我们把滑块、砝码和地球作为一个系统，忽略摩擦力，则系统机械能守恒。

对滑块
$$\Delta E_{kM} = \frac{1}{2}Mv_2^2 - \frac{1}{2}Mv_1^2$$
$$\Delta E_{pM} = MgS \cdot \sin\alpha \qquad (2-26)$$

对砝码
$$\Delta E_{km} = \frac{1}{2}mv_2^2 - \frac{1}{2}mv_1^2$$
$$\Delta E_{pm} = -mgS \qquad (2-27)$$

由机械能守恒
$$\Delta E_k + \Delta E_p = 0$$

即
$$\frac{1}{2}(M+m)(v_2^2 - v_1^2) = mgS - MgS \cdot \sin\alpha \qquad (2-28)$$
$$\frac{1}{2}(M+m)(v_2^2 - v_1^2) = mgS - MgS\frac{h}{L} \qquad (2-29)$$

式中：h 为垫块的高度；L 为两端地脚螺栓间的距离。

【实验内容及操作】

（1）接通气源开头，检查气孔是否有气流喷出。

（2）接通毫秒计开头，用纸顺次遮住两个光电门的光照，检查毫秒计是否正常工作。

（3）调整气垫导轨。

静态调整：将滑块放在两个光电门的中间，调整气垫导轨的地脚螺栓（单腿支撑点），使其保持静止状态。

操作视频

实验 2.4　动量守恒和机械能守恒定律研究

动态调整：在静态调整的基础上使滑块沿一个方向运动。微调气垫导轨的地脚螺栓，以不同的速度推动滑块，寻找合适的速度范围（即合适的时间范围，l 为 5.0cm，遮光时间为 120～140ms；l 为 3.0cm，遮光时间为 70～90ms），使其在这个时间范围内运动，并且经过两个光电门的时间之差小于 1.00ms，并把它作为实验条件。

（4）验证动量守恒定律。

1）弹性碰撞实验。测量遮光板的距离 l。称量两个滑块的质量，并使其具有相同的质量 $m(g)$。一个滑块在两个光电门之间，处于静止，而推动另一个滑块碰撞静止的滑块，调整碰撞点使两个滑块对心碰撞，实现弹性碰撞，记录 6 次实验数据。

2）完全非弹性碰撞实验。使碰撞前滑块以匀速运动，但进行完全非弹性碰撞后，两个滑块粘在一起运动，速度大大减小，这一速度远小于恰当速度以至减小空气的黏滞力，滑块将被加速。为了减小因此项带来的误差，碰撞点应选在第二个光电门附近，以保证碰撞后还未被加速（加速不大），并立即记录时间。

完全非弹性碰撞中也要考虑非对心碰撞引起的误差。应反复调节碰撞点，达到满意为止，记录 6 次实验数据。

（5）机械能守恒实验。调节两光电门距离 S，当气轨垫块厚度分别为：0，1，2，3cm 时，使滑块从静止开始沿气轨做加速运动，记下滑块 M 经过两光电门的时间 Δt_1 和 Δt_2。

【数据处理】

(1) 计算弹性碰撞前后系统的总动量。

(2) 计算完全非弹性碰撞前后系统的总动量。

(3) 机械能守恒实验中，计算系统动能的变化量 ΔE_k、势能的变化量 ΔE_p。

【注意事项】

(1) 打开数字毫秒计电源开头，数字管应全部点亮。当开关置于"光控"和 S_2 挡时，用纸片遮挡任意一只光敏管，计数器不断计数，再遮挡一下，计数器停止计数。按下复位按钮显示数字恢复为零，表示仪器工作正常。

(2) 导轨面不允许磕碰，否则将破坏导轨的精度。不清洁处可用酒精擦拭。

(3) 滑块内表面光洁度较高，严禁划伤、碰损，更不可掉到地面上摔变形。

(4) 导轨不通气时，不准许将滑块放在导轨上来回滑动。应先通气后再轻轻放滑块。安放遮光片或砝码时应将滑块取下脱离气轨操作。实验完毕后应轻轻取下滑块后再关闭气泵。

(5) 气泵不宜长时间连续工作。

【思考题】

1. 何谓恰当速度？确定恰当速度范围的意义是什么？

2. 完全非弹性碰撞点选在第二个光电门附近处，以便碰撞后立即记录时间，为什么？

3. 实验结果中，如果两滑块在碰撞前后的总动量不相等，其原因是什么？

实验 2.5   分光计的调节和使用

分光计是一种能准确测量角度的光学仪器。由于许多光学量的测量都能归结为对有关角度的测量，因此，可用分光计测量物质的许多光学特性。例如，用来测量三棱镜的顶角、最小偏向角、折射率；测量光波波长、色散率、光栅常数、观测光谱等；还可和偏振片、波片配合，做光的偏振实验。

【重点难点】

分光计的调整和三棱镜最小偏向角的测量。

【实验目的】

(1) 了解分光计的结构和原理，学会分光计的调整方法。

(2) 掌握用分光计测三棱镜顶角的方法。

(3) 学会用最小偏向角法测定三棱镜的折射率。

【实验仪器】

分光计、钠光灯、玻璃三棱镜、双面反射镜。

【实验原理】

用最小偏向角法测三棱镜的折射率。

如图 2-19 所示，设有一束单色平行光入射到 AB 面上，经过两次折射从 AC 面射出。则入射光线与出射光线的夹角 δ 称为偏向角。δ 随入射角而变，当入射角等于出射角，即 $i_1 = i_2$ 时，偏向角最小，记为 δ_{min}，称为最小偏向角。可以证明，棱

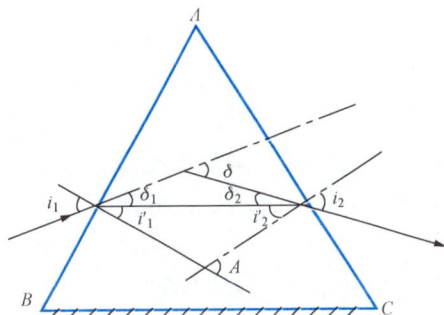

图 2-19 三棱镜的折射

镜玻璃对该单色光的折射率 n 与棱镜顶角 A、最小偏向角 δ_{min} 有如下关系

$$n = \frac{\sin\dfrac{A+\delta_m}{2}}{\sin\dfrac{A}{2}} \qquad (2\text{-}30)$$

由式（2-30）可知，如果能够测量出三棱镜的顶角 A，并设法测量出最小偏向角 δ_{min}，就可以求出棱镜玻璃的折射率 n，这种测量折射率的方法也称为最小偏向角法。

【实验内容及操作】

操作视频

实验 2.5　分光计的调节和使用

1. 分光计的组成

分光计的结构如图 2-20 所示，它主要由望远镜、平行光管、载物平台和读数装置四部分构成。分光计的下部是一个三脚底座，其中央固定的竖直转轴称为中心轴。度盘、游标盘、望远镜和载物台都可绕它转动。

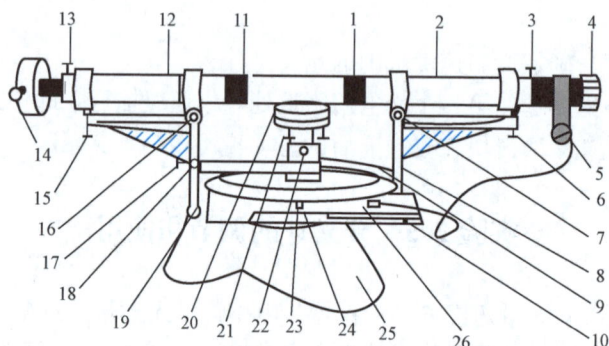

图 2-20　分光计的结构

1—物镜；2—望远镜筒；3—目镜锁紧螺钉；4—目镜调节手轮；5—目镜照明灯；6—望远镜灯光轴水平调节螺钉；
7—望远镜光轴左右调节螺钉；8—望远镜支臂；9—望远镜止动螺钉；10—望远镜微调螺钉；11—凸透镜；
12—平行光管；13—狭缝装置锁紧螺钉；14—缝宽调节手轮；15—平行光管光轴水平调节螺钉；
16—平行光管光轴左右调节螺钉；17—游标盘止动螺钉；18—游标盘微调螺钉；19—平行光管支柱；
20—载物台；21—载物台调平螺钉；22—载物台锁紧螺钉；23—度盘止动螺钉；24—度盘；25—底座；26—转座

（1）望远镜。望远镜是用来观察和确定平行光束方向的。由物镜和目镜组成，如图 2-21 所示。物镜是消色差复合正透镜，装在镜筒 A 的一端；目镜也为复合透镜，装在目镜筒内，目镜筒套在 B 筒另一端。B 筒的前端固定一块分划板，刻有一个双十字形准线，上十字线称为调整用准线，下十字线称为测量用准线。转动目镜可调节目镜到分划板的距离，B 筒可沿 A 筒滑动，以调节目镜与分划板整体到物镜的距离。

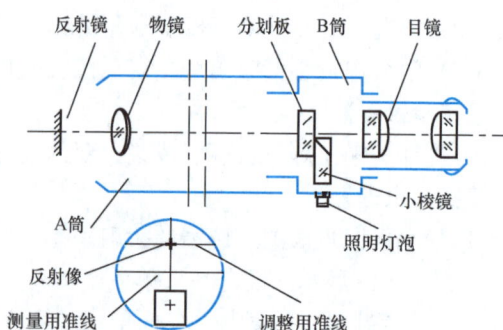

图 2-21　望远镜结构

常用目镜有高斯目镜和阿贝目镜两种。本实验所用分光计的目镜为阿贝目镜。它是在分

划板和目镜之间，紧贴竖直准线下方的 45°全反射小棱镜，在靠准线的一面镀有挡光膜，其上刻有一绿色透光的十字窗，十字窗交点到测量用准线交点的距离等于调节用准线交点到测量用准线交点的距离。

如图 2 - 20 所示，望远镜光轴的水平偏向和倾角分别用螺钉 6 和 7 调节。9 为望远镜止动螺钉，拧紧时可将望远镜固定。这时可调节微调螺钉 10 使望远镜绕中心轴做微小转动。

（2）平行光管。它是产生平行光的装置，由物镜和狭缝组成，如图 2 - 22 所示。物镜是消色差复合正透镜，装在圆筒 C 的一端，另一端装有可以伸缩的套筒 D，套筒末端装有狭缝。用钠光灯照明狭缝，当调节 D 筒位置使狭缝位于物镜的焦平面上时，则从平行光管出射平行光。狭缝宽度可用图 2 - 20 中缝宽调节手轮 14 调节，其调节范围为 0.02～2mm，测量

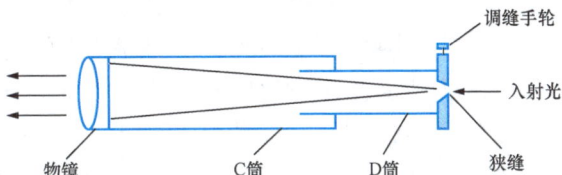

图 2 - 22　平行光管

时狭缝要细，这样读数位置才会准确。平行光管光轴水平偏向可用图 2 - 20 中的调节螺钉 16 微调，其倾角用螺钉 15 微调。平行光管调节要求是使狭缝清晰、居中、粗细适宜、无视差。

（3）载物平台。放置待测元件用，它套在游标盘轴上，能绕中心轴旋转。平台下面有三个调平螺钉，如图 2 - 20 中螺钉 21 所示，可调节台面与中心轴垂直。22 为载物台锁紧螺钉，放松锁紧螺钉可调节台面的高度。

（4）读数装置。望远镜和载物台的相对转动角度采用角游标读数，它由刻度圆盘和游标盘组成。刻度圆盘分为 360°，最小刻度为半度（30′），半度以下则用游标读数，角游标上刻有 30 个小格，这 30 格的弧长刚好等于刻度盘上 29 个小格的弧长，所以角游标上每一小格与刻度盘上每一小格之差为 1′，这就是仪器的分度值。角游标的读法以角游标的零线为准读出度数，再找出角游标上与刻度盘刚好重合的刻线为所读的分数，如果零线落在半刻线外，则读数应加上 30′。

在刻度圆盘同一直径的两端装有两个游标，测量时应分别记下两个角游标的读数，然后算出每个角游标的两次读数之差再取平均值。这个平均值即为望远镜相对载物台转过的角度，这样可以消除由于仪器公共轴和刻度盘中心不重合所产生的偏心误差。

2. 分光计的调整

分光计调整要求达到：平行光管出射平行光；望远镜适合观察平行光；平行光管和望远镜的光轴与分光计中心轴垂直。

（1）粗调：用目视法。调节平行光管和望远镜的左右偏向，使二者的光轴共线且通过中心轴。调节平行光管和望远镜的倾角调节螺钉、载物台下三个调节螺钉，使平行光管和望远镜光轴及载物台平面尽可能与分光计中心轴垂直。

（2）调节望远镜：用自准直法调节望远镜，使其聚焦于无穷远。

目镜的调焦：目的是使眼睛能很清楚地看到目镜中分划板上的准线，从而以准线作为观测的标记。其方法是转动目镜筒，使目镜相对于准线前后移动，直到从目镜中清晰地看到黑色准线为止。

1）望远镜的调焦。点亮照明小灯，将双面反射镜放在载物台中央，使其处在平台下任意两个螺钉连线的中垂线上，如图 2 - 23 所示。

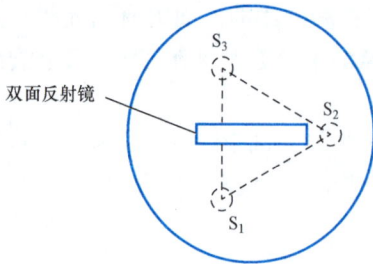

图 2 - 23　双面反射镜的放法

望远镜对准平面镜，这时从望远镜外侧向反射镜观察，可看到一绿色十字。慢慢地转动载物台及调节镜面的倾斜度，使反射光进入望远镜中，从望远镜中观察到被双面反射镜反射回来的绿十字像。此时可能为一模糊的亮斑，接着调节物镜与准线间的距离（移动 B 筒），直到呈现清晰的绿色亮十字像，这时绿十字窗以及准线基本上位于物镜的焦平面上。这是因为只有处于物镜焦平面上的发光体所发出的光，经过物镜后才能成为平行光，经平面镜反射后，依然是平行光，该平行光经过物镜后又会成像在焦平面上。

2）调节竖直准线与分光计中心轴平行。将载物台连同反射镜相对于望远镜旋转，观察绿十字像的横线是否沿着调整用水平准线移动。如果二者移动的方向不平行，须转动望远镜的 B 筒，使绿十字像沿调整用水平准线移动，这时竖直线与分光计中心轴平行。

3）调节望远镜光轴与分光计中心轴垂直。转动载物台，使反射镜另一个面正对着望远镜，且在望远镜中依然能看到反射的绿十字像。如果望远镜光轴与仪器中心轴垂直，镜面又与中心轴平行，那么转动载物台时，从望远镜中两次看到的由镜面反射回来的绿色十字像将处在与绿十字窗对称的位置上，也就是绿色十字像的水平线与调整用准线重合，如图 2 - 24（c）所示。

通常情况下，在目镜中看到的绿色十字像不能一步就达到上述要求，其位置不是偏高就是偏低。所以要用 1/2 调节法（或称各半调节法）渐近调节，即如果绿十字像的中心到调整用准线的距离为 h，如图 2 - 24（a）所示，这时可先调节望远镜的倾角调

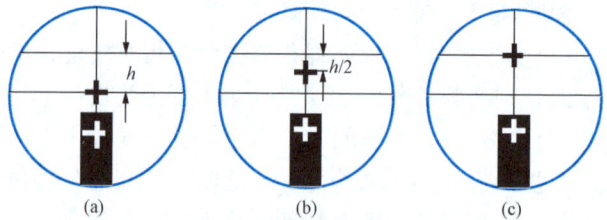

图 2 - 24　望远镜光轴与分光计中心轴垂直调节

节螺钉，使绿色十字像向调整用准线移近 $h/2$，见图 2 - 24（b）；再调节载物台下调节螺钉 S_1 或 S_3，使绿色十字像再向调节用准线移近 $h/2$，使两者重合。然后把载物台旋转 $180°$，（反射镜也跟随转过 $180°$）。重复上述步骤，反复几次，逐渐逼近，直到反射镜两面中的绿色十字像都与调整用准线重合为止。此时望远镜光轴已垂直于分光计中心轴。

（3）载物台的调整。上面调整已使 S_1 和 S_3 的高度相同，即 S_1 和 S_3 的连线平行于望远镜光轴，但含镜面的 S_2 没有调。为了调节 S_2 与 S_1 和 S_3 等高，可将反射镜转动一个角度，放在 S_1 和 S_2 连线的中垂线上，从望远镜中观察绿十字像，只调 S_2 使绿十字像与调整用准线重合。此时载物台也与分光计中心轴垂直。

（4）调节平行光管。

1）调节平行光管发出平行光。取下平面镜，将已调好的望远镜对准平行光管，用钠光灯照明狭缝，前后移动平行光管套筒，即调节平行光管狭缝头到透镜间的距离，直到从望远镜中能看到清晰的狭缝像，此时平行光管就已发出平行光。

2）调节平行光管轴，使其垂直于仪器公共轴。将狭缝头旋转 $90°$ 到水平位置，在望远镜中观察狭缝像，调节平行光管的水平调节螺丝，使狭缝像与分划板的测量用准线重合，此时平行光管光轴也垂直于仪器的公共轴。将狭缝再转到垂直方向。

3. 分光计的使用

（1）测量三棱镜顶角 A。将三棱镜顶角 A 对准平行光管，如图 2-25 所示，让平行光入射到三棱镜的光学面 AB 面和 AC 面上，用望远镜寻找两光学面的反射光，AB 面的反射光位于第一位置，两个读数窗口读数为 (φ_1, φ_1')，AC 面的反射光位于第二位置，读数为 (φ_2, φ_2')，则两光学面反射光的夹角 α 为

$$\alpha = \frac{|\varphi_1 - \varphi_2| + |\varphi_1' - \varphi_2'|}{2} \tag{2-31}$$

可以证明，三棱镜顶角 A 等于两反射光夹角 α 的一半，即

$$A = \frac{\alpha}{2} = \frac{|\varphi_1 - \varphi_2| + |\varphi_1' - \varphi_2'|}{4} \tag{2-32}$$

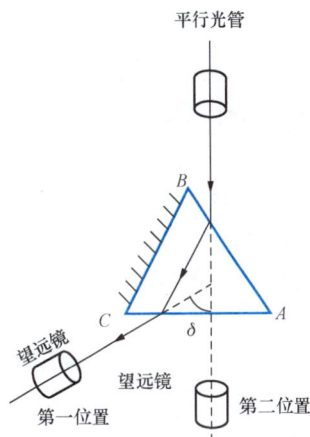

（2）测量三棱镜的最小偏向角 $\delta_{\min}$。将三棱置于载物台上，让平行光入射到 AB 光学面，经两次折射，从 AC 面出射，如图 2-26 所示。

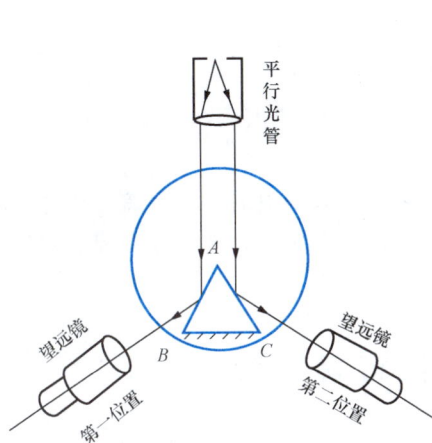

图 2-25　反射法则三棱镜顶角　　　图 2-26　测量三棱镜最小偏向角

用望远镜找到出射光，旋转载物台，改变入射角，观察偏向角的变化。轻轻转动载物台，使望远镜一直跟踪狭缝像，转动方向应使偏向角减小，当棱镜转到某一位置时，狭缝像反而向相反方向移动，即偏向角不再减小反而增加，则此处（第一位置）即为最小偏向角的位置。旋紧图 2-20 所示螺钉 22，固定载物台，微调望远镜，使竖直准线对准狭缝像中央，从两个游标上读出角度 φ 和 φ'。取下三棱镜，转动望远镜对准平行光管，使竖直准线对准狭缝像的中央（第二位置），记下两个游标相应的读数 φ_0 和 φ_0'，这是入射光的方向。同一游标两次读数差即为最小偏向角 $\delta_{\min}$。

重复测量 6 次取其平均值，按下式计算最小偏向角

$$\delta_{\min} = \frac{|\varphi - \varphi_0| + |\varphi' - \varphi_0'|}{2} \tag{2-33}$$

将测得的三棱镜顶角 A 和三棱镜最小偏向角 $\delta_{\min}$，代入式（2-30）中，计算三棱镜的折射率 n，并写出测量结果表达式。

【数据处理】
计算顶角、最小偏向角及三棱镜折射率。

【注意事项】

（1）望远镜平行光管上的镜头和三棱镜镜面不能用手摸擦。有尘埃时，应该用专用镜头纸轻轻擦拭。三棱镜要轻拿轻放，避免打碎。

（2）望远镜和游标盘，在制动螺丝旋紧的情况下，不能硬去扳转它们，以免磨损仪器的转轴。

（3）在游标读数过程中，由于望远镜可能位于任何方位，故应注意望远镜转动过程中是否过了刻度的零点。如越过刻度零点，则必须按式（$360° - |\varphi_2 - \varphi_1|$）来计算望远镜的转角。

（4）一定要认清每个螺丝的作用再调整分光计，不能随便乱拧。掌握各个螺丝的作用可使分光计的调节与使用事半功倍。

（5）调整时应调整好一个方向，这时已调好部分的螺丝不能再随便拧动，否则会前功尽弃。

【思考题】

1. 分光计由哪几部分组成？分光计的调整要求是什么？
2. 分光计为什么要调整到望远镜光轴与仪器中心轴线正交？不正交将对测量结果有何影响？
3. 转动游标盘上三棱镜时，望远镜中看不到由镜面反射的小十字像，此时应调节什么？
4. 要使反射小十字像与分划板上部的两水平线相互重合，需用什么调节方法？
5. 如何判别最小偏向角？

实验 2.6　光 栅 衍 射 实 验

光的衍射具有非常广泛的应用，如光谱分析、晶体结构分析、全息照相、光学信息处理等都涉及光的衍射有关的理论。衍射光栅是一种重要的分光元件。光栅分为透射光栅和反射光栅两种。利用透射光进行衍射称为透射光栅，利用反射光进行衍射称为反射光栅。获得光栅的主要方法一般有：用刻线机在玻璃或镀在玻璃上的铝膜上直接刻画得到；用树脂在优质母光栅上复制；采用全息照相的方法制作全息光栅。本实验采用在玻璃上的铝膜上直接刻画得到的透射光栅。

【重点难点】

黄色衍射谱线的观察。

【实验目的】

（1）观察光线通过光栅后的衍射现象。
（2）测定光栅常数（或钠光光谱线的波长）。
（3）进一步熟悉分光计的使用。

【实验原理】

光栅常常用在光谱仪中，本实验用的光栅是透射式平面光栅，它是由一排密集、均匀而又相互平行的狭缝组成的光学元件。设狭缝的宽为 b，刻痕的宽为 a，则称 $d = a + b$ 为光栅常数，一般在工程技术中每毫米的刻痕数也称为光栅常数，它在光栅的应用中具有非常重要的物理意义。

如图 2-27 所示，当一单色平行光垂直射入光栅平面时，据光栅方程有

$$d\sin\varphi_k = \pm k\lambda \qquad (2-34)$$

即

$$\sin\varphi_k = \pm \frac{\lambda}{d}k \qquad (2-35)$$

式中：d 为光栅常数；λ 为入射光的波长；k 为条纹级数（$1,2,\cdots,n$）；φ_k 为 k 级衍射角。

若入射光不是单色光，则由式（2-34）可以看出，光的波长 λ 不同，其衍射角 φ_k 不同。把复色光分解为单色光，中央 0 级（$k=0$，$\varphi=0$）处各色光重叠在一起形成白光。

本实验中使用汞灯做光源，通过测量出衍射级次 k 和对应的衍射角 φ_k，代入式（2-34）可算出光栅常数 d 及黄光波长 λ。

【实验内容】

（1）分光计的调节。包括：望远镜的调节、载物台的调节、平行光管的调节和待测件——光栅的调节。

（2）待测件——光栅的调节。光栅的调节有两点要求：

1）入射线垂直于光栅平面。

2）平行光管的狭缝与光栅刻痕平行。

（3）光栅的调节方法。

1）入射线垂直于光栅平面。照亮平行光管的狭缝，转动望远镜对准狭缝，使狭缝与望远镜竖直叉丝对齐，固定望远镜。

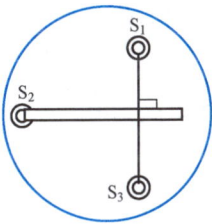

如图 2-28 所示，放好光栅，转动载物台，拧动载物台水平调节螺丝 S_1（或 S_3），使光栅面与望远镜接近垂直，找到反射回来的叉丝像并达到自准（横竖叉丝与横竖叉丝像重合），小心固紧载物台。

2）平行光管狭缝与光栅刻痕平行。松开固定的望远镜，转动望远镜观察左、右各级的谱线，若谱线的高度不一样高，调节 S_2，使左、右谱线一样高即可达到光栅刻痕与平行光管狭缝平行。

图 2-28　光栅位置的调整

（4）各衍射角的测量。依次测出 $k=-2,-1,0,1,2$ 各级衍射谱线的衍射角 φ_k，并记录，利用式（2-34）求出光栅常数 d 及黄光波长 λ，并写出测量结果表达式。

【注意事项】

（1）光栅是精密光学元件，严禁用手触摸光栅面。

（2）为了更加精确测量，必须使谱线和叉丝以及反射叉丝像清晰并消除视差。方法为：转动目镜使叉丝清晰，调节调焦鼓轮（或松开固定目镜组螺丝，前后拔插目镜组）使反射的叉丝像清晰，调节调狭缝的鼓轮（或松开固定狭缝的螺丝，前后拔插狭缝筒）使狭缝清晰，并反复调节，尽可能消除视差。

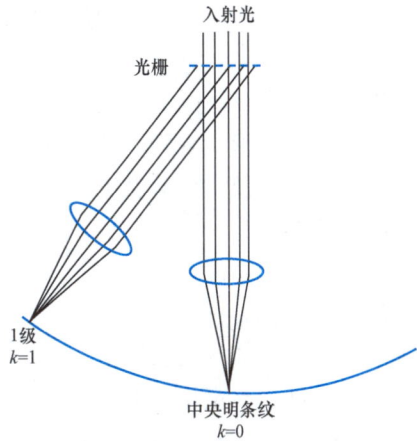

图 2-27　衍射条纹

【思考题】

1. 测量第二级以上谱线时，为什么会看到两个靠近的谱线？从理论上应对准哪儿测量？
2. 为什么光栅有色散作用？
3. 为什么调节时让光栅平面与平行光管光轴垂直？
4. 测量时为什么要求中央亮条纹两侧的光谱线等高？

实验 2.7　刚体转动惯量的测量

转动惯量是反映刚体转动惯性大小的物理量，它与刚体的质量及质量相对转动轴的分布有关。对于几何形状规则，质量分布均匀的物体，可以计算出转动惯量，但对于几何形状不规则的物体，以及质量分布不均匀的物体，只能用实验方法来测量。

【重点难点】

如何操作减小误差。

【实验目的】

（1）测定刚体的转动惯量。

（2）验证转动定律及平行轴定理。

【实验仪器】

JM-3 智能转动惯量实验仪（电脑毫秒计和转动惯量仪）。

【实验原理】

转动惯量实验仪，是一架竖直轴转动的圆盘支架，如图 2-29 和图 2-30 所示。

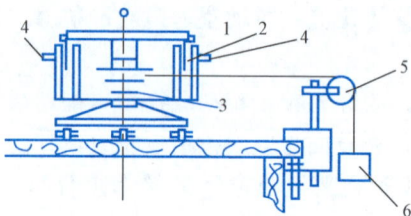

图 2-29　转动惯量实验仪

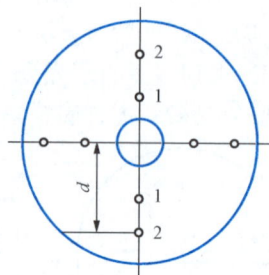

图 2-30　实验仪承物台俯视图

1—承物台；2—遮光细棒；3—绕线塔轮；4—光电门；5—滑轮；6—砝码

待测物体可以放置在支架上，支架的下面有一个倒置的塔式轮，塔式轮具有不同的半径 r，半径 r 的大小依次为 1.5，2.0，2.5cm，是用来绕线的。

设转动惯量仪空载（不加任何试件）时的转动惯量为 J_0，我们称它为该系统的本底转动惯量，加试件后该系统的转动惯量用 J_1 来表示，根据转动惯量的叠加原理，该试件的转动惯量 J_2 为

$$J_2 = J_1 - J_0 \tag{2-36}$$

从刚体动力学的理论推导如何测量 J_0、J_1。

（1）如果不给该系统加外力矩（即不加重力砝码），该系统在某一个初角速度的启动下转动，此时系统只受摩擦力的作用，根据转动定律有

$$-L = J_0\beta_1 \tag{2-37}$$

式中：J_0 为本底转动惯量；L 为摩擦力矩，负号是因 L 的方向与外力矩的方向相反；β_1 为角加速度，计算出的 β_1 值应为负值。

（2）给系统加一个外力矩（即加适当的重力砝码），则该系统的受力分析如图 2-31 所示，则有

$$mg - T = ma \tag{2-38}$$

$$Tr - L = J_0\beta_2 \tag{2-39}$$

$$a = r\beta_2 \tag{2-40}$$

式中，β_2 是在外力矩与摩擦力矩的共同作用下系统的角加速度，r 是塔轮的半径。将式（2-37）～式（2-40）联立求解得

$$J_0 = \frac{mgr}{\beta_2 - \beta_1} - \frac{\beta_2}{\beta_2 - \beta_1}mr^2 \tag{2-41}$$

由于 β_1 本身是负值，所以计算时分母是正值。同理，加试件后，也可用同样的方法测出 J_1，然后代入式（2-36），减去本底转动惯量 J_0，即可得到试件的转动惯量 J_2。式（2-41）中 m、g、r 都是已知或可直接测量的物理量，问题在于如何测量 β_1 和 β_2，本实验用 JM—3 转动惯量实验仪的电脑毫秒计可直接提取 β 值。

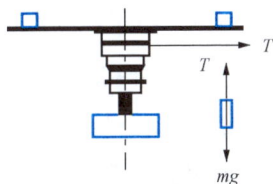

图 2-31　受力分析

【实验内容及操作】

（1）测量转动系统的本底转动惯量 J_0。先将 JM-3 智能转动惯量实验仪的转动惯量仪和电脑毫秒计用信号线连接起来，将砝码挂钩挂在线的一端（线的长度最好是当砝码落地时，另一端刚好脱开塔轮）。线的另一端打个结，将打结的一端分别塞入 $r = 1.5$，2.0，2.5cm 的塔轮夹缝中，将线全部绕在塔轮上，调整滑轮位置使细线与塔轮等高并相切，取 $m = 0.100$kg。放开砝码让其自由落下，当砝码落地时，线的另一端自动从塔轮的夹缝中脱出。转动惯量仪在转动过程中，电脑毫秒计会自动记下每转过 π 弧度时的次数和时间，而且还能计算出角加速度的值 β。放开砝码让其自由落下，从电脑毫秒计上读出每转过 π 弧度的角加速度 β。由于砝码落地之前，转动仪受外力矩的作用，角加速度为正值（即 β_2），而砝码落地之后，转动仪在摩擦力矩的作用下，角加速度为负值（即 β_1），由于从正角加速度转变到负角加速度，中间计算方法也有个转换过程。为此，电脑毫秒计中间隔有 5 次 "PASS"，以后再提出角加速度即为 β_1。要求所有的正值全部记录，再记录相同个数的负值，填入表格中。分别求 β_2 与 β_1 的平均值，利用式（2-41）求出塔轮半径不同时的本底转动惯量 J_0，再求出 J_0 的平均值。

（2）取塔轮半径 $r = 2.50$cm，分别测加试件圆环，圆盘，圆柱和圆球后系统的转动惯量 J_1。用同样的方法分别测出加试件圆环，圆盘，圆柱和圆球后的 β_1 与 β_2，填入表格中，利用式（2-41）计算出系统的转动惯量 J_1，根据叠加原理，利用式（2-36）计算各试件本身的转动惯量 J_2，并观测转动惯量 J_2 与质量 m 及质量分布的关系。

（3）验证圆环、圆盘的转动惯量。设圆环试件，质量分布均匀，总质量为 M，其对中心轴的转动惯量为 J，外直径为 D_1，内直径为 D_2，则有

$$J_{理论} = \frac{1}{8}M(D_1^2 + D_2^2) \tag{2-42}$$

操作视频

实验 2.7　刚体转动惯量的测量

若为盘状试件，则 $D_2=0$。已知 $M_盘=0.71\text{kg}$，$D_1=0.200\text{m}$，$M_环=0.61\text{kg}$，$D_2=0.176\text{m}$，计算圆环与铝盘的转动惯量理论值，并与实验值相比较。

（4）验证平行轴定理。平行轴定理：刚体转动惯量与轴的位置有关。若二轴平行，其中一轴过质心，则刚体对二轴转动惯量有下列关系

$$J=J_c+Md^2 \tag{2-43}$$

式中：M 为刚体质量；J_c 为刚体对质心轴的转动惯量；J 为对另一平行轴的转动惯量；d 为两轴的垂直距离。

把质量 $M=0.170\text{kg}$ 的移轴砝码，放置在图 2-30 所示位置"2"上，测量 2 次，分别读出 β_2 与 β_1。计算转动惯量 $\overline{J}$，再从 $\overline{J}$ 减去本底转动惯量 J_0，用式（2-43）验证平行轴定理。把移轴砝码看作圆柱形刚体，其对柱体轴（质心轴）的转动惯量为 $J_c=\frac{1}{2}MR^2$，$R=1.50\text{cm}$，$M=0.170\text{kg}$。

【数据处理】

（1）计算本底转动惯量。

（2）计算圆环、圆盘、圆柱、圆球的转动惯量，圆环、圆盘转动惯量理论值和测量结果的相对误差。

（3）计算移轴砝码距离转轴 7.5cm 时的转动惯量测量结果、理论值及测量结果的相对误差。

【注意事项】

连接砝码与塔轮的绳子要不长不短，以砝码落地时绳刚好脱离塔轮为宜。

【思考题】

1. 用文字叙述刚体绕定轴转动的转动定理和平行轴定理，并写出数学表达式。

2. 根据测量结果，分析、总结刚体转动惯量的大小与哪些条件有关。

【JM-3 智能转动惯量电脑毫秒计的使用】

本机由 MCS-51 单片微型计算机等器件组成，采用操作系统和计算程序固化储存的方式，能顺时序记录 64 个光电脉冲的时间，精确到十分之毫秒。并可计算出等运动间距的加速度和减速度，这些数据都被存储供提取，还可进行脉冲编组的存储和计算，有备用通道，即双通道。JM-3 智能转动惯量实验仪如图 2-32 所示，其使用方法如下：

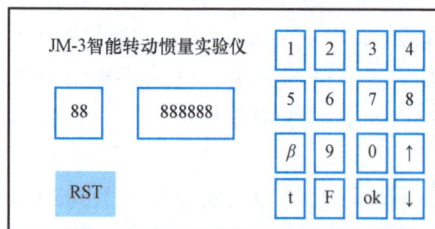

图 2-32　JM-3 智能转动惯量实验仪

（1）将转动惯量仪的两组光电门和电脑毫秒计用信号线连接起来，选择通、断开关接通，表示该回路的光电门接通，可正常工作。反之不能工作。通常只选择接通一路，另一路留作备用。

（2）通电后显示 PP-HELLO，3s 钟后进入模式设定等待状态 F0164，按 ok 键显示 88-888888 进入待测状态。当第一个光电脉冲通过时即开始计时，此时脉冲组（个）数数字跳动，表示计数正常运行，测量和计算完毕即显示各类参数。

（3）提取角加速度 β 值：按 β 键，出现 $\times\times$b 后按数字键 01，再按 ok 键，即显示出 01，b±×.×××数值。按↑键则依次递增各次记录的数据。按↓键则依次递减各次记录的数据。若只提取某一个数值，按 β 键显示 $\times\times$b 后，输入所要提取的数，按 ok 键后即显示出

该 β 值。若输入所要提取的数超过设定值，如 66，按 ok 键后则显示溢出，此时需重新按 β 键，在设定的数值范围内取数。

（4）在有外力矩作用的加速旋转状态到砝码落地后的减速旋转之间，显示 5 次 "PASS"，这表示该转折点周围的数据不可靠，需舍去。显示 5 次 "PASS" 之后即读得负的角加速度 β_1 的值。

（5）F 键为软起动键，表示继续使用上次设定模式，此时内存数据尚未消除，还可再次提取。按 F 键后再按 ok 键，则可进行新的实验，上次实验数据已消除。

实验 2.8　示波器的使用

示波器是一种用途非常广泛的现代测量工具。用它可以观察和测量电信号。一般的电学量（如电流、电功率、阻抗等）和可转化为电学量的非电学量（如温度、位移、速度、压力、光强、磁场、频率）以及它们随时间变化的规律都可以用示波器来观测。示波器由示波管和电子线路组成，是利用电子束的电偏转来观察电压波形的一种常用电子仪器。

【重点难点】
示波器的使用方法。

【实验目的】
（1）了解示波器的主要构成部分及示波器显示波形的原理。
（2）学习用示波器观察信号波形和利用示波器测量信号频率方法。

【实验仪器】
模拟示波器、数字存储示波器、函数/任意波形发生器

【实验原理】

1. 模拟示波器

示波器的全称为阴极射线示波器或电子射线示波器。示波器具有多种类型或型号，它们在结构上都包含几个基本的部分：示波管、水平放大器、竖直放大器、扫描发生器、触发同步和直流电源等。

（1）示波管。示波管的基本结构如图 2-33 所示，包括电子枪、偏转系统和荧光屏三个部分，全部都密封在玻璃外壳内，里面抽成高真空。

1）电子枪由灯丝 F、阴极 K、控制栅极 G、第一阳极 A_1 和第二阳极 A_2 五部分组成。灯丝通电后加热阴极。阴极是一个表面涂有氧化物的金属圆筒，被加热后发射电子。控制栅极是一个顶端有小孔的圆筒，套在阴极外面。它的电位比阴极低，对阴极发射出来的电子起控制作用，只有初速度较大的电子才能穿过栅

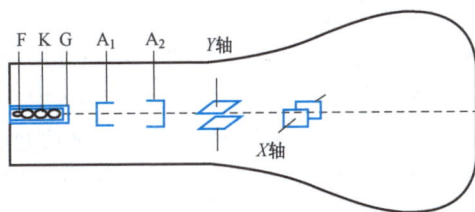

图 2-33　示波管结构图

极顶端的小孔，在阳极加速下奔向荧光屏。示波器面板上的"亮度"调整就是通过调节栅极电位以控制射向荧光屏的电子流密度，从而改变了屏上的光斑亮度。阳极电位比阴极电位高很多，电子被它们之间的电场加速形成射线。当控制栅极、第一阳极与第二阳极三者的电位调节合适时，电子枪内的电场对电子射线有聚焦作用，所以，第一阳极也称为聚焦阳极。第二阳

极电位更高，又称为加速阳极。面板上的"聚焦"调节，就是调第一阳极电位，使荧光屏上的光斑成为明亮、清晰的小圆点。有的示波器还有"辅助聚焦"，实际上是调节第二阳极电位。

2）偏转系统由两对互相垂直的偏转板组成，一对竖直偏转板，一对水平偏转板。在偏转板上加以适当电压，电子束通过时，其运动方向发生偏转，从而使电子束在荧光屏上产生的光斑位置也发生改变。

3）荧光屏，屏上涂有荧光粉，电子打上去它就发光，形成光斑。不同材料的荧光粉发光的颜色不同，发光过程的延续时间（一般称为余辉时间）也不同。在性能好的示波管中，荧光屏玻璃内表面上直接刻有坐标刻度，供测定光点位置用。荧光粉紧贴坐标刻度以消除视差，光点位置可准确测得。

（2）扫描、整步装置。由示波器偏转板的作用可知，只有偏转板上加有电压，电子束的方向才会在偏转板的作用下发生偏转，从而使荧光屏上的亮点位置跟着变化。在一定范围内，亮点的位移与偏转板上所加电压成正比。

1）示波器的扫描。如果在 Y 偏转板上加一个随时间成周期变化的正弦波电压，而横偏不加任何电压，则荧光屏上的亮点在垂直方向上做正弦振动。我们看到的是一条垂直的亮线，要在荧光屏上展现出正弦波形就需将光点沿 X 轴展开，需要在 X 轴偏转板上加一随时间作线性变化的电压 U_X（称为扫描电压）。

2）扫描电压特点。从 $-U_X$ 开始（$t=t_0$）随时间成正比增加到 $U_X(t_0<t<t_1)$；返回到 $-U_X(t=t_1)$ 在从头开始随时间成正比地增加到 $U_X(t_1<t<t_2)$，以后重复前述过程。扫描

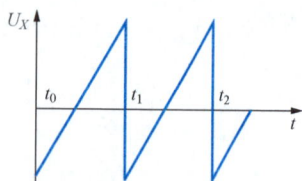

电压随时间变化的关系如同矩齿一样，故称锯齿波电压，如图 2-34 所示。如果单独把锯齿波电压加在 X 轴偏转板上而 Y 轴偏转板上不加信号电压，那么只能看到一条水平的亮线，称为"扫描线"又称"时间基线"。要想看见纵偏电压的波形，必须加上横偏电压，把纵偏电压的垂直亮线展开的过程称为"扫描"。扫描分为线性和非线性扫描。线性扫描能把纵偏电压

图 2-34　锯齿波电压示意

如实地描绘出来，非线性扫描描绘出来的波形将不是原来的波形。

假设在纵偏加一正弦电压的同时，在 X 轴偏转极上加有扫描电压 U_X，则电子束将受到垂直和水平电场力的作用。在这两个场作用下，电子束既有 Y 方向偏转也有 X 方向偏转，即光点参与两点的运动，Y 轴方向作正弦振动，X 轴方向做匀速运动。如果屏上的光点沿着 X 轴匀速移动了 U_Y 的一个周期后，能立刻跳回起始位置，再重复 X 轴的匀速运动，即扫描电压和正弦电压的周期完全一致，则荧光屏显示的图形将是一个完整的正弦波，如图 2-35 所示。当 U_X 的周期为 U_Y 的 n 倍，则荧光屏上显示 n 个正弦波。

由于产生纵偏电压和横偏电压的振荡器是相互独立的振荡器。它们之间频率不会自然满足整数

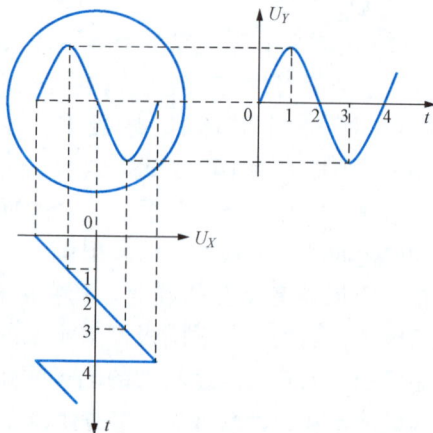

图 2-35　正弦波形

比，所以示波器的锯齿形扫描电压频率必须可调。调节它的频率大体上满足 $f_Y/f_X=n$，但

要准确光靠人工是不够的，特别是待测电压的频率越高就越难。为了解决这一问题，在示波器内部加装了自动频率跟踪装置，称为"整步"。在人工调节接近满足 $f_Y/f_X = n$ 的条件下，再加入整步的作用，扫描电压的周期就能够准确等于待测电压周期的整数倍，从而获得稳定的波形。

（3）用李萨如图形测频率。如果纵偏加正弦电压，横偏也加正弦电压，那么得出的图形就是李萨如图形。f_Y、f_X 分别代表纵偏和横偏电压的频率，n_X 代表 X 方向的切线和图形相切的切点数，n_Y 代表 Y 方向的切线和图形相切的切点数。则有

$$\frac{f_Y}{f_X} = \frac{n_X}{n_Y}$$

从表 2-1 中可以总结出如下规律：如果作一个包围李萨如图形的方框，李萨如图形与方框相切时，横边上的切点数 n_X 与竖边上的切点数 n_Y 之比等于 Y 轴和 X 轴输入信号的频率之比，即 $f_Y : f_X = n_X : n_Y$。若李萨如图形不闭合，图形的端点与边框相切时，应把一个端点计为 1/2 个切点。这样，利用李萨如图形就能方便地比较两信号的频率。在已知其中一个信号频率的情况下，通过李萨如图形就可以算出另一待测信号的频率。这是一种测量振动频率的重要方法。

表 2-1 李萨如图形

李萨如图形				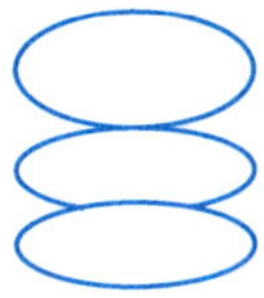		
n_X	1	1	1	1	2	3
n_Y	1	1/2	2	3	3/2	2
$n_X : n_Y$	1 : 1	2 : 1	1 : 2	1 : 3	4 : 3	3 : 3

2. 数字示波器

数字存储示波器简称数字示波器，它与模拟示波器的不同在于，信号进入示波器后立刻通过高速 A/D 转换器将模拟信号前端快速采样，存储其数字化信号，并利用数字信号处理技术对所存储的数据进行实时快速处理，得到信号的波形及其参数，并由示波器显示，从而实现模拟示波器的功能。数字示波器测量精度高，还可以存储和调用、显示特定时刻的信号。

（1）组成原理。数字示波器的原理图如图 2-36 所示。它分实时和存储两种工作状态，当其以实时状态工作时，其电路组成原理与模拟示波器相同。当其以存储状态工作时，它的工作过程一般分为存储和显示两个阶段。在存储工作阶段，模拟输入信号先经过适当的放大或衰减，然后经过采样和量化两个过程的数字化处理，转化成数字信号，再在逻辑控制电路的控制下将数字信号写入到存储器中。量化过程就是将采样获得的离散值通过 A/D 转换器转换成二进制数字。采样、量化及写入过程都是在同一时钟频率下进行的。在显示工作阶段，将数字信号从存储器中读出来，并经 D/A 转换器转换成模拟信号，经垂直放大器加到 CRT 的 Y 偏转板。由于已将模拟信号转换成数字量存放在存储器中，利用数字示波器可对

其进行各种数学运算（如两个信号相加、相减、相乘、快速傅里叶变换）以及自动测量等操作，也可以通过输入/输出接口与计算机或其他外设进行数据通信。

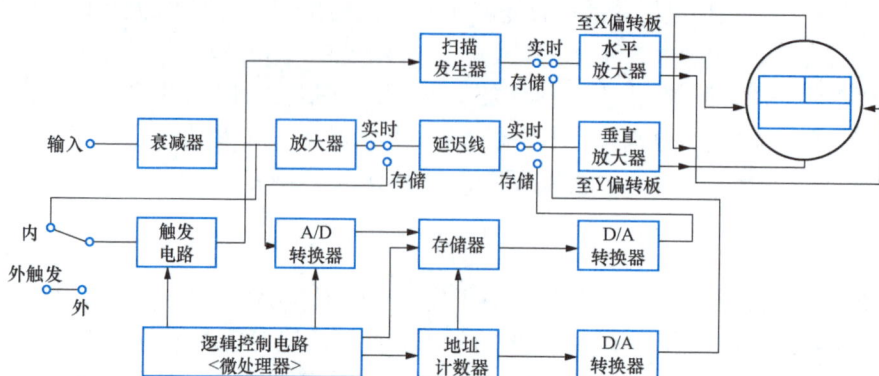

图 2-36　数字示波器原理图

（2）工作方式。为了实时、稳定地显示信号波形，示波器必须重复地从存储器中读取数据并显示，为使每次显示的曲线和前一次重合，必须采用触发技术。数字示波器的触发方式包括常态触发和预置触发两种方式。常态触发是在存储工作方式下自动形成的，可通过面板设置触发电平的幅度和极性。触发点可处于复现波形的任何位置及存储波形的末端，触发点位置用加亮的亮点来表示。

数字示波器对波形参数的测量分自动测量和手动测量两种。一般参数的测量为自动测量，即示波器自动完成测量工作，并将测量结果以数字形式显示在荧光屏上。特殊值的测量使用手动光标进行测量，即光标测量。光标测量是指在荧光屏上设置两条水平标线和两条垂直光标线，这四条光标线可在面板的控制下移动，光标和波形的交点对应于信号存储器中的相应数据。测量时，示波器在测量程序控制下，根据光标位置来完成测量，并将测量结果以数字形式显示在荧光屏上。

数字示波器的面板按键分为执行键和菜单键两种。按下执行键后，示波器立即执行该项操作。当按下功能区的执行键时，屏幕下方显示一排菜单，按下屏幕菜单下方所对应的按键则执行相应操作。

【实验内容及操作】

（1）熟悉数字示波器和操作原理。

1）打开示波器和波形发生器。

2）设置波形发生器：按下波形按钮波形 Waveforms，选择正弦波，调节输出信号频率 500～1000Hz，输出信号幅值电压 3～5V。

3）根据输入信号的信息，练习示波器各个功能键、旋钮和各菜单键的用法。

（2）观测未知信号。

1）将待测黑匣子的信号接入示波器输入通道 1 或通道 2，并按下垂直控制区对应的按键 1 或按键 2，信号波形在显示屏上显示出来。

2）按下多功能区的自动测量 Measure 键，下方会显示测量的峰值、周期；选择类型，出现测量参数选择界面，通过多功能旋钮选择频率，按下确认键，再按下类型键，关闭弹

操作视频

实验2.8　示波器的
使用

框。待测信号的频率数值会显示在显示屏下方，按要求记录相关测量数据。

3）按下光标 Cursors 按键，通过多功能旋钮移动光标，左右旋转、移动光标位置，按下确认按钮（这里光标变灰表示已确认，光标位置将固定，如果没变灰，需再按一次），继续用多功能旋钮移动另一根光标，再按下确认键，灰色方框内即为手动测量值。

（3）利用李萨如图形测未知频率。

1）将待测信号接入示波器输入通道 2，将信号源的信号接入示波器输入通道 1。

2）按下示波器多功能区的 Acquire 键，再按下菜单按键 XY，李萨如图形就会显示出来。

3）分别调整通道 1 和通道 2 的垂直电压挡位，使李萨如图形大小合适，通过调整信号源的输出频率，使李萨如图形稳定。记录水平方向和竖直方向的切点数 n_x、n_y，根据公式 $f_y / f_x = n_x / n_y$，计算未知信号的频率（也可按下多功能区的 Measure 键，选择类型，出现测量参数选择界面，通过多功能旋钮选择频率，按下确认键）。见表 2-2。

表 2-2　　　　　　　　　　　　　测量信号频率

编号	1	2	3
f_x			
n_x / n_y			
f_y			

（4）在表 2-3 中画出对应波形。

表 2-3　　　　　　　　　　　　　观 察 信 号 波 形

信号波形			
波形性质			
信号频率			

【思考题】

1．如果示波器上的正弦波形不断向右移动，说明锯齿波频率是偏高还是偏低？

2．利用 1∶1 的李萨如图形测量频率时，如果 X 轴和 Y 轴输入的正弦电压频率已经调节相等时，屏幕上的图形还时刻转动，请说明原因。

3．当 Y 轴输入端有信号，但屏上只有一条水平线时，是什么原因？应如何调节才能使波形沿 Y 轴展开？

4．如果图形不稳定，总是向左或向右移，应如何调节？

5．分析用示波器怎样才能观察到稳定的波形。

6．如果 Y 轴信号的频率比 X 轴信号的频率大得多，示波器上看到什么情形？

实验 2.9　薄 透 镜 焦 距 的 测 量

透镜是构成显微镜、望远镜、照相机等多种光学仪器的基本光学元件，焦距是透镜的主要特性参数之一。了解透镜成像规律，掌握透镜焦距的测量方法，是基本的光学实验。

【重点难点】

掌握"左右逼近法"和"对称测量法"，学习透镜光心和像的准确位置的确定与测量。

【实验目的】

（1）了解透镜成像规律。

（2）学习简单光路的调整方法。

（3）掌握透镜焦距的几种常用测量方法。

【实验仪器】

光学平台及其附件（光源、凸透镜、凹透镜、平面镜、物屏、像屏等）。

【实验原理】

所谓薄透镜是指透镜的中心厚度远小于其球面曲率半径的透镜。透镜可分为两大类，一类是凸透镜，也称为会聚透镜，它对光线起会聚作用。另一类是凹透镜，也称为负透镜或者是发散透镜，对光线起发散作用。

通过透镜中心 O 垂直于镜面的几何直线称为透镜的主光轴。一束平行于凸透镜主光轴的平行光经凸透镜折射后，会聚于主光轴上的一点 F，该点就是这个凸透镜的焦点，焦点 F 到凸透镜中心 O 的距离称为该凸透镜的焦距。一束平行于凹透镜的主光轴的平行光，经凹透镜折射后成为发散光，将发散光束反向延长后，交于主光轴上的一点 F，即为该凹透镜的焦点，焦点 F 到凹透镜中心 O 的距离称为该凹透镜的焦距 f。

焦距的倒数称为透镜的焦度。如果焦距的单位为米，则焦度乘 100 即为眼镜的度数。例如 200 度的近视眼镜，就是焦距为 0.5m 的发散透镜。

在近轴光线的条件下，薄透镜的成像公式为

$$\frac{1}{f}=\frac{1}{u}+\frac{1}{v} \qquad (2-44)$$

式中：u 为物距；v 为像距；f 为透镜的焦距。它们都是从透镜的光心 O 沿主光轴开始算起的。规定：凸透镜的焦距 f 取正值，凹透镜的焦距 f 取负值。

从式（2-44）可知，如果测量出物距 u 和像距 v，就可以得到透镜焦距。

1. 凸透镜焦距的测量

（1）用自准直法测量凸透镜焦距。如图 2-37 所示，凸透镜焦平面处的物点 B 发出的光束经过凸透镜折射后，会变成为平行光束。如果用一块与主光轴垂直的平面镜将此平行光束反射回去，反射光束再次经过凸透镜后，将会聚成像在与原物光点相同的焦平面上，像点与物点相对于主光轴对称，即物与像的大小相等，整个物像是在原焦平面上的倒像。此时，物（像）与凸透镜光心的间距就是该凸透镜的焦距 f，即有

$$f=|OB|=|OB'| \qquad (2-45)$$

（2）物距像距法测量凸透镜焦距。如图 2-38 所示，固定物与光源，使物距大于焦距，移动透镜和像屏，在像屏上形成一个清晰的倒像，用"对称测量法"测量出凸透镜光心，用"左右逼近法"测量出像的位置，求出物距 u 和像距 v，利用式（2-44）求出凸透镜的焦距 f。

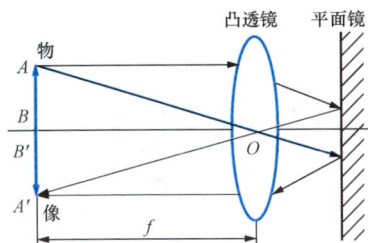

图 2-37　自准直法测量凸透镜焦距光路

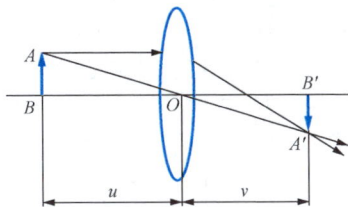

图 2-38　物距像距法测量凸透镜焦距光路

（3）共轭法测量凸透镜焦距。如图 2-39 所示，设物屏与像屏间距为 L，且 $L > 4f$，在保持 L 不变的情况下，调整凸透镜位置，当凸透镜处于 O_1 时，在像屏上得到一个放大的实像，再次调整凸透镜的位置，当凸透镜处于 O_2 时，在像屏上再次得到一个缩小的实像，则可由式（2-44）得

$$\frac{1}{f} = \frac{1}{u_1} + \frac{1}{v_1}$$

$$\frac{1}{f} = \frac{1}{u_2} + \frac{1}{v_2}$$

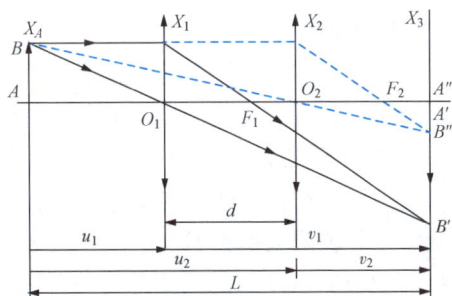

图 2-39　共轭法测量凸透镜焦距

又因为 $L = u_1 + v_1 = u_2 + v_2$，$d = u_2 - u_1 = v_1 - v_2$，代入上面两式有

$$f = \frac{u_1 v_1}{u_1 + v_1} = \frac{u_2 v_2}{u_2 + v_2} = \frac{L^2 - d^2}{4L} \qquad (2-46)$$

由式（2-46）知，只要测量出物与像的间距 L 及凸透镜移动的距离 d，就可以求出凸透镜焦距 f。

2. 凹透镜焦距的测量

由于凹透镜成的是虚像，因此对凹透镜焦距的测量，通常是借用一个凸透镜，使之与待测量的凹透镜组成一个透镜组，通过测量没有凹透镜时的成像位置和有凹透镜时的成像位置，计算出凹透镜的焦距 f。

（1）用自准直法测量凹透镜焦距。如图 2-40 所示，先利用已知焦距的凸透镜成实像 A'，然后将待测量的凹透镜和平面镜置于凸透镜与实像 A' 之间，调整凹透镜和平面镜的位置，使最后成的像 A'' 处于与物 A 同一个平面上，像点与物点相对于主光轴对称，即物与像的大小相等，整个物像是在原焦平面上的倒像。此时，A' 与凹透镜光心 O 的间距即为凹透镜的焦距。

（2）物距像距法测量凹透镜焦距。如图 2-41 所示，先利用已知焦距的凸透镜成一个缩小的实像 $A'B'$，然后将待测量的凹透镜置于凸透镜和实像 $A'B'$ 之间，调整凹透镜的位置，使最后在像屏上成的像为一个清晰的放大的实像 $A''B''$。此时，对于待测量的凹透镜来讲，实像 $A'B'$ 为待测量的凹透镜的虚物，物距 $u = -|O_2 B'|$，像距 $v = |O_2 B'|$，则可由式（2-44）求出待测量的凹透镜焦距 f。

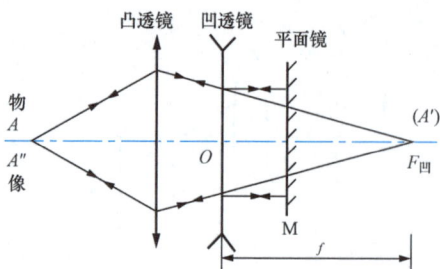

图 2-40　凹透镜的自准成

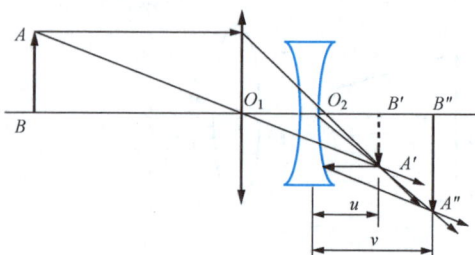

图 2-41　物距像距法测量凹透镜焦距光路

【实验内容及操作】

（1）用自准直法测量凸透镜焦距。如图 2-37 所示，将光源、物屏、凸透镜、平面镜置于光学平台上，调整光路，使之达到"等高共轴"。再调整凸透镜和平面镜的位置，使在物屏上的清晰像点与物点相对于主光轴对称，即物与像的大小相等，整个物像是在原焦平面上的倒像。分别记录物屏 B（B'）和凸透镜光心 O 的位置，则凸透镜光心 O 与物屏 B（B'）的间距即为凸透镜焦距 f。

（2）物距像距法测量凸透镜焦距。如图 2-39 所示，将光源、物屏、凸透镜、像屏置于光学平台上，调整光路，使之达到"等高共轴"。利用"对称测量法"确定凸透镜光心 O 的真实位置，利用"左右逼近法"确定像的位置，求出物距 u 与像距 v，再利用式（2-44）求出凸透镜的焦距 f。

（3）用共轭法测量凸透镜焦距。如图 2-38 所示，将光源、物屏、凸透镜、像屏置于光学平台上，调整光路，使之达到"等高共轴"。使物屏与像屏间距 L 略大于待测量的凸透镜焦距的 4 倍。利用"左右逼近法"确定像的位置，求出物屏与像屏的间距 L 及凸透镜移动的距离 d，利用式（2-46）求出凸透镜的焦距 f。

（4）自准直法测量凹透镜焦距。如图 2-40 所示，将光源、物屏、凸透镜、平面镜置于光学平台上，调整光路，使之达到"等高共轴"。利用已知焦距的凸透镜成实像 A'，将待测量的凹透镜和平面镜置于凸透镜与实像 A' 之间，调整凹透镜和平面镜的位置，使最后成的像 A'' 处于与物 A 同一个平面上，像点与物点相对于主光轴对称，即物与像的大小相等，整个物像是在原焦平面上的倒像。用"左右逼近法"和"对称测量法"，确定凹透镜光心 O 的真实位置及像屏 A' 的位置，则 A' 与凹透镜光心 O 的间距即为凹透镜的焦距 f。

（5）物距像距法测量凹透镜焦距。如图 2-41 所示，将光源、物屏、凸透镜、凹透镜、像屏置于光学平台上，调整光路，使之达到"等高共轴"。利用已知焦距的凸透镜成一个缩小的实像 $A'B'$，将待测量的凹透镜置于凸透镜和实像 $A'B'$ 之间，调整凹透镜的位置，使最后在像屏上成的像为一个清晰的放大的实像 $A''B''$。利用"左右逼近法"确定像屏 $A'B'$ 和 $A''B''$ 的位置，采用"对称测量法"来确定凹透镜光心 O_2 的位置，计算出物距 $u=-|Q_2A'|$ 和像距 $v=|O_2A''|$，再由式（2-44）求出待测量的凹透镜的焦距 f。

【数据处理】

1. 测量凸透镜焦距

（1）自准直法测量凸透镜焦距。用"对称测量法"测量出凸透镜光心 O 位置，求出凸

操作视频

实验 2.9　薄透镜焦距的测量

透镜光心 O 与物屏 B（B'）的间距即为凸透镜焦距 f。

（2）物距像距法测量凸透镜焦距。利用"对称测量法"确定凸透镜光心 O 的真实位置，利用"左右逼近法"确定像的位置，求出物距 u 与像距 v，再利用式（2-44）求出凸透镜的焦距 f。

（3）"共轭法"测量凸透镜焦距。利用"左右逼近法"确定像的位置，求出物屏与像屏的间距 L 及凸透镜移动的距离 d，利用式（2-46）求出凸透镜的焦距 f。

2. 测量凹透镜焦距

（1）自准直法测量凹透镜焦距。用"左右逼近法"和"对称测量法"，确定凹透镜光心 O 的位置及像屏 A' 的位置，求出 A' 与凹透镜光心 O 的间距即为凹透镜的焦距 f。

（2）物距像距法测量凹透镜焦距。利用"左右逼近法"确定像屏 $A'B'$ 和 $A''B''$ 的位置，采用"对称测量法"来确定凹透镜光心 O_2 的位置，计算出物距 $u = -|O_2A'|$ 和像距 $v = |O_2A''|$，再由式（2-44）求出待测量的凹透镜的焦距 f。

【注意事项】

（1）在取用光学元件时，应该严格执行实验操作规程，不可污染光学元件的光学面。

（2）测量时，针对不同的测量对象，应该注意掌握"左右逼近法"和"对称测量法"的使用方法。

【思考题】

1. 测量像距时，要根据像的清晰程度来确定像的位置，选择成像较大的位置还是选择成像较小的位置？简述理由。

2. 具体分析透镜的厚度对测量结果的影响。

3. 对几种测量焦距的方法进行分析比较，分析各自的优缺点。

实验 2.10　物体导热系数的测量

导热系数（又称热导率）是反映材料导热性能的物理量，它不仅是评价材料的重要依据，而且是材料应用时的一个设计参数。因为材料的导热系数不仅随温度、压力变化，而且材料的杂质含量、结构变化都会明显影响导热系数的数值，所以在科学实验和工程技术中对材料的导热系数常用实验的方法测定。测量导热系数的方法大体上可分为稳态法和动态法两种，本实验介绍用稳态法测量不良导体导热系数，它比其他方法更方便，精确度更高。

【重点难点】

尽可能准确找到平衡状态。

【实验目的】

（1）了解稳态平衡法测量不良导体导热系数的原理。

（2）学会使用导热系数测量仪。

（3）利用物体的散热速率求出传热速率。

（4）测量出不同材料的导热系数。

【实验仪器】

导热系数测量仪、保温杯、样品。

【实验原理】

实验装置如图 2-42 所示。在调节螺栓上放一个下铜盘、再放一个待测量的样品和一个上铜盘。在上圆铜盘的上方加热，使待测量的样品经过一定时间后，上、下表面各维持稳定的温度 T_1 和 T_2，用热电偶测量出它们的数值，热电偶与数字电压表相连接，用数字电压表测量出样品上、下表面温度与室温的温差电动势。

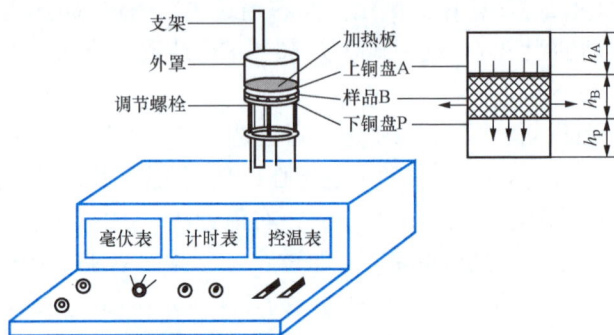

图 2-42　导热系数实验装置简图

测量不良导体导热系数的原理是根据法国数学家、物理学家傅里叶给出的导热方程式。在物体内部，垂直于导热方向上，两个相距为 h，面积为 S，温度分别为 T_1、T_2 的平行平面，在 Δt 内，从一个平面传到另一个平面的热量 ΔQ 为

$$\Delta Q = \frac{-\lambda(T_2 - T_1)S\Delta t}{h} \qquad (2-47)$$

$$\lambda = \frac{\Delta Q}{\Delta t} \cdot \frac{h}{(T_1 - T_2)S} \qquad (2-48)$$

式中：$\dfrac{\Delta Q}{\Delta t}$ 为传热速率；λ 为该物质的导热系数，也称热导率；"一"为热量向温度低的方向传递。由此可知，对于图 2-41 所示样品 B 有

$$\lambda = \frac{\Delta Q}{\Delta t} \cdot \frac{h_B}{S_B(T_1 - T_2)} \qquad (2-49)$$

上式中，h_B、S_B 和 T_1、T_2 都易测得，而 $\dfrac{\Delta Q}{\Delta t}$ 可由稳态法测出，下面先推导 $\dfrac{\Delta Q}{\Delta t}$。

对图 2-41 所示热学系统，当系统处于稳定状态时，样品 B 上、下两面的温度 T_1、T_2 不变，说明通过上铜盘 A 向样品 B 的传热速率与样品 B 通过下铜盘 P 的散热速率相等，否则 T_2 将继续升高，因此可以通过求下铜盘 P 的散热速率得到样品 B 的传热速率 $\dfrac{\Delta Q}{\Delta t}$。

因为下铜盘 P 的上表面和样品 B 的下表面接触，所以在加热的过程中下铜盘 P 的散热面积只有下表面面积和侧面面积的和，设 P 的下表面面积和侧面面积的和为 $S_{部分}$，而在实验中冷却时 P 的散热面积是上、下表面面积和侧面面积的和，设 P 的上、下表面面积和侧面面积的和为 $S_{全部}$，根据散热速率与散热面积成正比的关系得

$$\frac{\left(\dfrac{\Delta Q}{\Delta t}\right)_{部分}}{\left(\dfrac{\Delta Q}{\Delta t}\right)_{全部}} = \frac{S_{部分}}{S_{全部}} \qquad (2-50)$$

式中：$\left(\dfrac{\Delta Q}{\Delta t}\right)_{部分}$ 为 $S_{部分}$ 的散热速率；$\left(\dfrac{\Delta Q}{\Delta t}\right)_{全部}$ 为 $S_{全部}$ 的散热速率。

$\left(\dfrac{\Delta Q}{\Delta t}\right)_{\text{部分}}$ 的散热速率就等于式 (2-49) 中的传热速率 $\dfrac{\Delta Q}{\Delta t}$，于是式 (2-49) 可写成

$$\lambda = \frac{\left(\dfrac{\Delta Q}{\Delta t}\right)h_{\text{B}}}{S_{\text{B}}(T_1 - T_2)} \tag{2-51}$$

设下铜盘 P 的直径为 D，厚度为 h_{P}，则有

$$S_{\text{部分}} = \pi\left(\frac{D}{2}\right)^2 + \pi Dh_{\text{P}} \tag{2-52}$$

$$S_{\text{全部}} = 2\pi\left(\frac{D}{2}\right)^2 + \pi Dh_{\text{P}} \tag{2-53}$$

由比热容的基本定义 $c = \dfrac{\Delta Q}{m - \Delta T}\Delta T$ 得

$$\left(\frac{\Delta Q}{\Delta t}\right)_{\text{全部}} = \frac{cm\Delta T}{\Delta t} \tag{2-54}$$

将式 (2-52)~式 (2-54) 代入式 (2-50) 得

$$\left(\frac{\Delta Q}{\Delta t}\right)_{\text{部分}} = \frac{(D + 4h_{\text{P}})cmk}{2D + 4h_{\text{P}}} \tag{2-55}$$

把式 (2-55) 代入式 (2-51) 中得

$$\lambda = \frac{cmkh_{\text{B}}(D + 4h_{\text{P}})}{\dfrac{1}{2}\pi \cdot D^2(T_1 - T_2)(D + 2h_{\text{P}})} \tag{2-56}$$

$$k = \frac{\Delta T}{\Delta t}\bigg|_{T=T_2}$$

式中：m 为下铜盘 P 的质量；c 为下铜盘 P 的比热容。

实验中，使用数字电压表测量热电偶在有温度变化时所反映的电压 U，故上式可写成

$$\lambda = \frac{cmkh_{\text{B}}(D + 4h_{\text{P}})}{\dfrac{1}{2}\pi D^2(U_1 - U_2)(D + 2h_{\text{P}})} \tag{2-57}$$

$$k = \frac{\Delta U}{\Delta t}\bigg|_{U=U_2}$$

U_1，U_2 对应于 T_1，T_2，由数字电压表的读数可知，实验中只要测出 m、h_{B}、D、h_{P} 以及利用稳态平衡法测出 k 值就可测出不良导体的导热系数。

实验中，当温度 T_1、T_2 对应的电压 U_1、U_2 不变时，取走样品 B，让铜盘 A 底面直接与铜盘 P 上表面接触加热，使 P 盘的电压上升到比 U_2 高 0.05mV 后，将 A 盘取走，让 P 盘自然冷却，测量时，相隔 30s 读一次盘 P 的电压示值，一直到比电压 U_2 低 0.05mV 后，停止此类测量。然后以时间 t 为横坐标，电压 U 为纵坐标，绘制冷却曲线。如图 2-43 所示，曲线上对应于 U_2 的斜率，由 P 盘的冷却曲线可求出

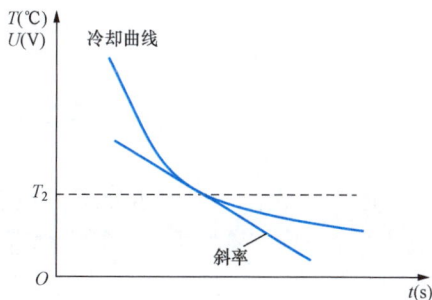

图 2-43 冷却曲线

$$k = \frac{\Delta U}{\Delta t}\bigg|_{U=U_2}$$

【实验内容及操作】

（1）用游标卡尺多次测量铜盘的直径 D_P、厚度 h_P 和待测物厚度 h_B，取平均值。盘 P 的质量 m，由天平称出，其比热容 $c = 3.805 \times 10^2 \, J/(kg \cdot ℃)$。

操作视频

实验 2.10　物体导热系数的测量

（2）热电偶插入圆盘上的小孔时，要抹上些硅脂，并插到洞孔底部，使热电偶测温端与铜盘接触良好。

（3）测量平衡状态：将控温表温度设定为 35.0℃，温度控制挡调到"自动"，如在 300 s 内样品上、下表面温度 T_1、T_2 对应的电压 U_1、U_2 示值都不变，即可以认为已达到平衡状态，记录稳定平衡状态时的电压 U_1、U_2 值。按照上面方法每次将控制温度升高 3.0℃，共测量 6 次平衡状态。

（4）测量冷却曲线：让铜盘 A 底面直接与铜盘 P 上表面接触加热，使 P 盘的电压上升到比最后测得的 U_2 高 0.05 mV 后，将 A 盘取走，让 P 盘自然冷却，测量相隔 30 s 读一次 P 盘的电压示值，一直读到比第一次测得的电压 U_2 低 0.05 mV 后结束。

【数据处理】

（1）计算冷却曲线每个平衡状态时 P 盘电压 U_2 点的斜率。

（2）分别用每个平衡状态的数据计算导热系数。

【注意事项】

（1）使用前将加热盘与散热盘表面擦干净，样品的两端面擦干净，可涂上少量硅脂，以保证接触良好。

（2）在实验中，若移开热圆筒时，手应拿住固定轴转动，以免烫伤手。

（3）实验结束后，切断电源，保管好测量样品。不要使样品划伤。

（4）仪器移动时，应避免强烈振动和受到撞击。

（5）若开机秒表无显示，需关电源 5 s 后再通电，因有时电压不稳定。

【思考题】

1. 傅里叶给出的导热方程是什么？

2. 物质比热容定义是什么？

3. 什么是稳态法？

4. 导热系统测量仪结构包括哪几部分？

实验 2.11　霍尔效应及其应用

物理学家霍尔，在 1879 年美国霍普金斯大学读研究生时发现：置于磁场中的载流体，如果其电流方向与磁场垂直，则在垂直于电流和磁场的方向会产生一附加的横向电场，这种现象称为霍尔效应。这个效应对于一般的金属来说并不显著，但对于半导体却非常明显。随着半导体工艺的飞速发展，多种具有明显霍尔效应的材料先后被制作出来，霍尔效应的应用也随之发展起来。现在霍尔效应已经在测量技术、自动化技术、计算机和信息处理领域得到广泛应用。通过本实验我们能够确定半导体的导电类型（N 型或 P 型）、载流子浓度、载流子迁移率等几个重要的基本参数。

【重点难点】

消除负效应的方法和数据处理。

【实验目的】

（1）了解霍尔效应实验原理及霍尔元件对材料要求的知识。

（2）学习用霍尔效应测量半导体材料的霍尔系数、载流子浓度、载流子迁移率和电导率的方法。

（3）学习用"对称测量法"消除负效应的影响。

【实验仪器】

TH - H 型霍尔效应实验组合仪。

【实验原理】

霍尔元件是一块矩形半导体薄片。如果在半导体薄片上沿垂直于磁场 B 的方向通以恒定电流 I_s，这时磁场对半导体薄片中定向迁移的载流子（电子或空穴）就产生了洛伦兹力 f_B 的作用。设载流子的电荷为电子 e，漂移的速度为 v，则洛伦兹力的大小及方向可由 $f_B = evB$ 确定。在洛伦兹力的作用下，载流子的运动方向发生偏转，使电荷在半导体片的相对两侧上聚集，如图 2 - 44 所示，两侧面之间将出现电势差 U_H。这种现象称为霍尔现象。U_H 称为霍尔电压。

在霍尔效应中，载流子在薄片侧面的聚集不会无限地进行下去，因为侧面聚集的电荷在薄片中形成横向电场。设电场强度为 E_H，方向由正指向负，此电场对载流子的作用力大小为 $f_E = eE_H$，从图 2 - 44 中可以看出，电场力的方向与洛伦兹力的方向相反。显然，该电场是阻止载流子向侧面偏转。当载流子所受的横向电场力与洛伦兹力相等时，样品两侧电荷的积累就达到平衡，即

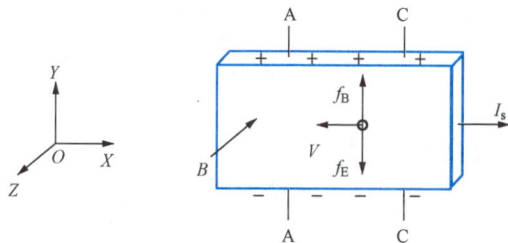

图 2 - 44　霍尔效应

$$eE_H = evB \tag{2 - 58}$$

式中：E_H 为附加电场；v 为载流子在电流方向上的平均漂移速度。设试样的宽度为 b、厚度为 d、载流子浓度为 n，则

$$I_s = nevbd \tag{2 - 59}$$

由式（2 - 58）、式（2 - 59）可得

$$U_H = E_H b = \frac{1}{ne} \cdot \frac{I_s B}{d} = R_H \frac{I_s B}{d} \tag{2 - 60}$$

U_H 与 $I_s B$ 成正比，与试样厚度 d 成反比。比例系数 $R_H = \frac{1}{ne}$ 称为霍尔系数，它是反映霍尔效应强弱的重要参数。只要测出 U_H，以及知道 I_s、B 和 d，可按式（2 - 60）求出 R_H。

根据 R_H 可进一步确定以下参数：

（1）由 R_H 的正负（或 U_H 的正负），判断样品的导电类型（N 型或 P 型）。判别的方法是按图 2 - 44 所示的 I_s 和 B 的方向。若测得 $U_H < 0$（即 A 点的电位高于 A' 点的电位），即

R_H 为负，样品属 N 型；反之，则为 P 型。

（2）由 R_H 求载流子浓度 n 为

$$n = \frac{1}{|R_H|e} \qquad (2\text{-}61)$$

应该指出，这个关系式是假定所有的载流子都具有相同的漂移速度得到的，严格地说，若考虑载流子速度的统计分布，需引入 $3\pi/8$ 的修正因子（可参考黄昆、谢希德著《半导体物理学》）。

（3）电导率 σ 可以通过电极 A、C 或（A′、C′）进行测量，设 A、C 间的距离为 L。样品的横截面积 $S=bd$，流经样品的电流为 I_s。在零磁场下，若测得 A、C 间的电位差为 U_σ，可由下式求得电导率 σ（或电阻率 ρ）

$$\sigma = \frac{1}{\rho} = \frac{I_s}{U_\sigma} \cdot \frac{L}{S} \qquad (2\text{-}62)$$

电导率 σ 与载流子浓度 n 及迁移率 μ 之间的关系为 $\sigma = ne\mu$，由式（2-61）有

$$\mu = |R_H|\sigma \qquad (2\text{-}63)$$

测出 σ 值即可求 μ。

由上述可知，要得到大的霍尔电压，关键要选择 R_H 大（即迁移率高、电阻率也高）的材料，半导体 μ 高，ρ 适中是制造霍尔元件较理想的材料。由于电子的迁移率比空穴迁移率大，所以霍尔元件常采用 N 型材料。其次，霍尔电压的大小与材料的厚度成反比。因此，薄膜型的霍尔元件的输出电压较片状的要高。就霍尔元件而言，其厚度是一定的，所以实际上采用 $K_H = 1/ned$ 来表示元件的灵敏度，K_H 称为霍尔灵敏度，单位为毫伏/（毫安·千高斯）[mV/(mA·kGS)]。

【仪器简介】

TH-H 型霍尔效应实验组合仪由实验仪和测试仪两部分组成。霍尔效应实验仪如图 2-45 所示。

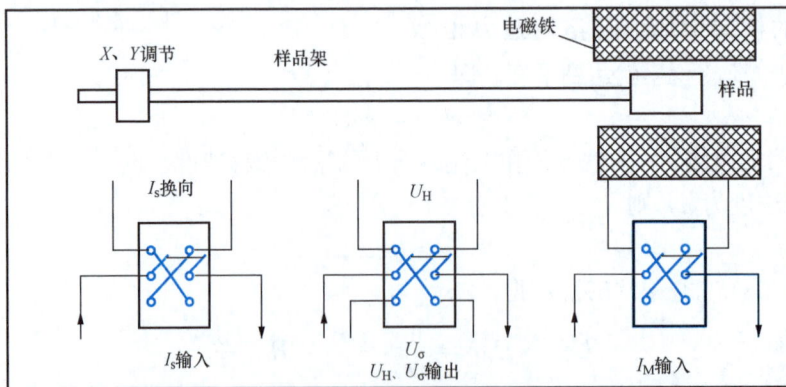

图 2-45　霍尔效应实验仪

1. 实验仪

（1）电磁铁。电磁铁的励磁线圈的绕向为顺时针（操作者面对实验仪）。根据线圈绕向及励磁电流 I_M 方向，可确定磁感应强度 B 的方向，B 的大小为励磁电流 I_M 与给定的电磁铁规格数值的乘积。

（2）样品尺寸（见图 2-46）。

2. 测试仪（图 2-47）

（1）两组恒流源。"I_s 输出"为 $0\sim$ 10mA 工作电流源，"I_M 输出"为 $0\sim1$A 励磁电流源。二者由同一个数字电流表进行测量，测量选择键按下测 I_M，弹起则测 I_s。

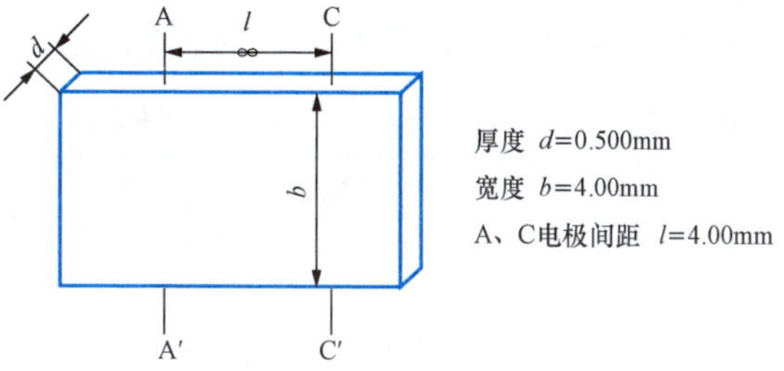

（2）直流数字电压表。U_H、U_σ 通过

厚度 $d=0.500$mm
宽度 $b=4.00$mm
A、C电极间距 $l=4.00$mm

图 2-46 样品尺寸示意图

切换开关由同一个数字电压表进行测量。当显示器的数字前出现"—"号时，表示被测电压极性为负值。

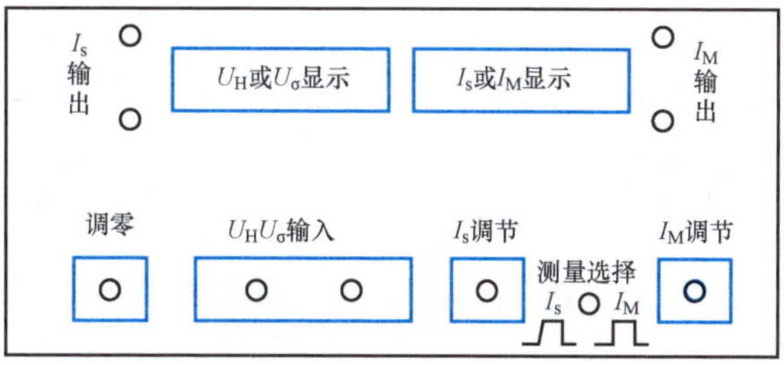

图 2-47 测试仪面板图

实验 2.11 霍尔效应
及其应用

【实验内容及操作】

（1）接通电源，预热数分钟后，电流表显示".000"（按下测量选择键），或"0.00"（放开测量选择键）。

（2）将实验仪的 U_H、U_σ 输出，双刀开关倒向 U_H，测试仪的功能切换至 U_H，保持 I_M 值不变（$I_M=0.500$A），I_s 取值见表 2-4，测出 U_H。

（3）保持 I_s 值不变（$I_s=3.00$mA），I_M 取值见表 2-5，测出 U_H。

（4）将实验仪器的 U_H、U_σ 输出，双刀开关倒向 U_σ，测试仪的功能切换置 U_σ。在零磁场下（$I_M=0$），取 $I_s=1.00$，1.50，2.00mA，测量 U_σ（即 U_{AC}）。

【数据处理】

（1）根据表 2-4 测量数据，用最小二乘法求出 R_{H1}。

表 2-4　　　　　　　　　　　　测量 I_s-V_H 数据表

I_s(mA)	V_1(mV) +B，+I_s	V_2(mV) −B，+I_s	V_3(mV) −B，−I_s	V_4(mV) +B，−I_s	$V_H=\dfrac{V_1-V_2+V_3-V_4}{4}$(mV)
1.00					
1.50					
2.00					
2.50					
3.00					
3.50					
4.00					

（2）根据表 2-5 测量数据，用逐差法求出 R_{H2}。

表 2-5　　　　　　　　　　　　　　　测量 $I_M - V_H$ 数据表

$I_M(mA)$	$V_1(mV)$	$V_2(mV)$	$V_3(mV)$	$V_4(mV)$	$V_H = \dfrac{V_1 - V_2 + V_3 - V_4}{4}(mV)$
	$+B, +I_s$	$-B, +I_s$	$-B, -I_s$	$+B, -I_s$	
0.200					
0.300					
0.400					
0.500					
0.600					
0.700					
0.800					

（3）根据测量数据，计算 n、σ、μ。

【注意事项】

（1）正确连线。注意：不允许将 I_M 输出接到 I_s 输入或 U_H、U_σ 输出处，否则，一旦通电，霍尔样品即遭损坏。

（2）测试仪开（关）机前，将 I_s、I_M 调节旋钮逆时针方向旋到底，使其输出电流最小，然后再开（关）机。

【思考题】

1. 霍尔元件对材料有什么要求？

2. 在本实验线路中，为什么设置了三个换向开关，它们各起什么作用？

3. 如何应用霍尔效应测量磁感应强度？

实验 2.12　用模拟法测绘静电场

在实验研究和工程设计中，需要了解不同带电导体周围静电场的分布情况。通常带电体的形状、位置、电量等情况不同，很难使用理论方法进行计算。用实验直接测绘静电场也非常困难，由于测试过程中只要将仪表（或其探测头）放入静电场中，总要影响被测原有电场分布，而且除静电式仪表之外的一般磁电式仪表不能用于静电场的直接测量，因为静电场中没有电流流过，对这些磁电式仪表不起作用。所以，人们用稳恒电流场模拟静电场，间接测绘静电场分布。

【实验目的】

（1）学习模拟法测绘静电场的原理，掌握模拟实验条件设置。

（2）通过对静电场分布的研究，加强对电场强度和电位的理解。

【实验仪器】

静电场测绘仪（包括导电玻璃、双层固定支架、同步探针等）、专用稳压电源。

【实验原理】

1. 模拟的理论依据

模拟法在科学实验中应用广泛，是用某种易于实现、便于测量的物理状态或过程，去代替另一种不易实现、不易测量的状态或过程。为了克服静电场测量上的困难，我们寻找一个与待测静电场分布完全一样的稳恒电流场，用它来代替静电场去模拟实验。

静电场与稳恒电流场在一定条件下具有相似的空间分布，它们都遵守高斯定理。它们都可用电位 U 描述，各自电场强度 $E = -\Delta U$；在静电场中，电场强度 E 在无源区域内符合以下积分关系

$$\oint_s E \cdot ds = 0, \quad \oint_l E \cdot dl = 0 \tag{2-64}$$

在稳恒电流场中，电流密度矢量 J 在无源区域内也满足类似的积分关系

$$\oint_s J \cdot ds = 0, \quad \oint_l J \cdot dl = 0 \tag{2-65}$$

因此，E 和 J 在各区域内满足相同的数学规律。若稳恒电流场空间均匀分布，充满了电导率为 σ 的不良导体，不良导体内的电场强度 E' 与电流密度矢量 J 之间遵守欧姆定律

$$J = \sigma E' \tag{2-66}$$

因而，E 和 E' 在各自域中满足相同数学规律。在同样边界条件下，由电动力学能够证明：具有相同边界条件的相同方程，方程的解也相同。因此，我们用稳恒电流场来模拟静电场。静电场中电力线和等位线与稳恒电流场的电流密度矢量和等位线具有相似的分布，所以测定出稳恒电流场的电位分布也就求出与之相似的静电场的电场分布。

2. 同轴电缆的静电场分布

两同轴圆柱形电极中间充满均匀电介质。当两电极分别带上等量异号电荷时，其间分布着辐射状电场，即在横剖面上电力线呈辐射状，等位线为同心圆，如图 2-48 所示。

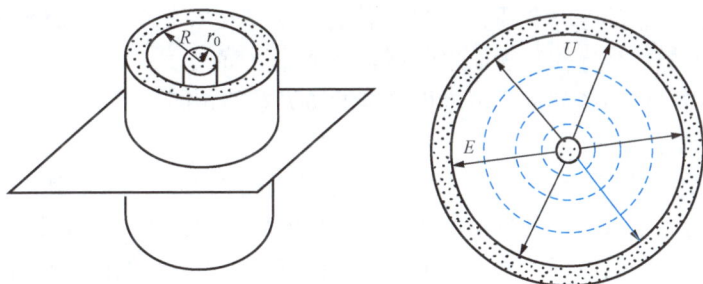

图 2-48 同轴电缆的静电场分布

根据高斯定理，其电场强度为

$$E = \frac{\lambda}{2\pi\varepsilon r} = K\frac{1}{r}, \quad r_0 \leqslant r \leqslant R \tag{2-67}$$

$$E = 0, \quad r_0 > r \text{ 或 } r > R$$

式中：λ 为轴心所带电荷的线密度；r 为任一点到轴心的垂直距离；R 为外电极的内半径；r_0 为内电极的半径。

为了模拟静电场，我们采用导电性均匀的导电玻璃，将导电性能良好的材料做成电极，与直流电源相接，如图 2-49 所示。这样电流将从内电极流向外电极。由于导电玻璃的导电性是均匀的，所以电流在同一圆周上任一处的电流密度 J 大小相等，当电流为 I 时，在半径

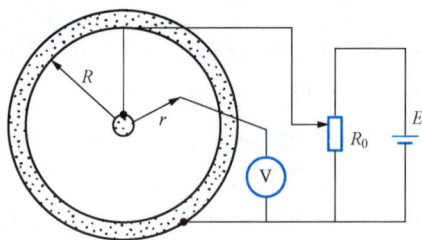

图 2-49　实际电路图

r 处，有

$$J = \frac{I}{2\pi r} \qquad (2-68)$$

由欧姆定律的微分形式 $J = \sigma E$ 可知，r 处的电场强度大小为

$$E' = \frac{I}{2\pi\sigma r} = K'\frac{1}{r} \qquad (2-69)$$

此式与式（2-66）有相同的规律，所以可以用它来模拟同轴电缆的静电场。

由电学理论可知，电场中任意两点间的电势差等于电场力作用下将单位电荷由一点移到另一点电场力所做的功。设内电极半径为 r_0，外电极半径为 R，环内任一点（半径为 r）与外电极间的电势差为

$$U'_r - U_R = -\int_R^r \vec{E} \cdot \mathrm{d}\vec{l} = \int_R^r K\frac{1}{r}\mathrm{d}r = K\ln\frac{R}{r} \qquad (2-70)$$

设 $U_{r_0} - U_R = U_0$，则 $U_0 = K\ln\dfrac{R}{r_0}$

这样环内任一点与外电极间的电势差为

$$U_r = U'_r - U_R = U_0\frac{\ln R/r}{\ln R/r_0} \qquad (2-71)$$

3. 模拟条件

模拟方法使用有一定条件和范围，不能随意推广，否则将会得到荒谬结论。用稳恒电流场模拟静电场的条件可以归纳为下面三点：

（1）稳恒电流场中的电极形状应与被模拟的静电场中的带电体几何形状相同。

（2）稳恒电流场中的导电介质是不良导体且电导率分布均匀，并满足 $\sigma_{电极} \gg \sigma_{导电质}$ 才能保证电流场中的电极（良导体）表面也近似是一个等位面。

（3）模拟所用电极系统与被模拟电极系统的边界条件相同。

4. 静电场的测绘方法

场强 E 在数值上等于电位梯度，方向指向电位降落的方向。考虑到 E 是矢量，而电位 U 是标量，从实验测量来讲，测量电位比测量电场容易实现，所以可先测绘等位线，然后根据电力线与等位面正交的原理，画出电力线。这样就可以由等位线的间距确定电力线的疏密与指向，将抽象的电场形象地反映出来。

5. 常见带电体周围电场分布

异号点电荷周围静电场如图 2-50 所示，示波管焦电极周围电场分布如图 2-51 所示。

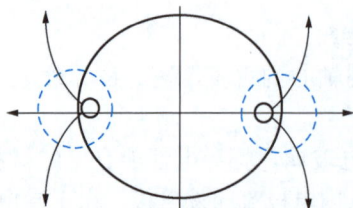

图 2-50　异号点电荷周围静电场　　图 2-51　示波管焦电极周围电场分布

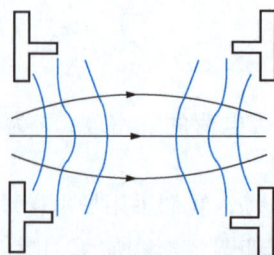

【实验内容及操作】

（1）描绘同轴电缆的静电场分布。

1）参考图 2-49 将导电玻璃上两电极分别与静电场描绘仪专用电源的正负极相连，专用电源电压表正极与同步探针相连接（电压表的负极专用电源中已接好，不需再接）。

2）将坐标纸放在导电玻璃上层，用磁条压住，移动同步探针测绘同轴电缆的等位线簇。电源电压为 10.00V，要求测 1.00、2.00、3.00、4.00、5.00、6.00V 共 6 条等位线，每条等位线在记录纸上应均匀记录 6 个点，将测量数据填入表 2-6 中。

表 2-6   同轴电缆周围电场等位线半径测试

$U_r'(V)$	半径 r						
	1	2	3	4	5	6	平均值
1.00							
2.00							
3.00							
4.00							
5.00							
6.00							

3）根据电力线和等位线的正交关系，先画出等位线，再画出电力线，并指出电场强度方向，得到一张完整的电场分布图。

（2）描绘聚焦电极的电场分布。在坐标纸上绘出电极、等位线、电力线。电压为10.00V，相邻两等位线的电位差为 1.00V。

【注意事项】

（1）测等位线时，在曲线转弯或两条曲线靠近处，记录点应取得密一些。

（2）下探针在导电玻璃上移动时，要尽量轻，防止用力过大损坏导电玻璃。

【思考题】

1. 若导电介质的电导率不均匀，对实验所作出的等位线有何影响？

2. 模拟时为什么要求电极的电导率必须远远大于导电介质的电导率？

3. 为什么需要用模拟法来测绘静电场？

4. 用稳恒电流场模拟静电场的依据什么？

5. 能否用其他导电介质去模拟静电场？试举例。

实验 2.13   电位差计的使用

电位差计是用电位差计内的标准电压与待测电压相互比较的方法测量电压的较精密的仪器。它基本不消耗（或扰动）待测源；在微弱电压和电动势的精密测量中具有较重要的应用。电位差计不仅可以直接测量电动势（电压），还可以间接测量电阻、电流、校正电表，在非电量的电测法中也具有广泛应用。

【重点难点】

学会规范操作电位差计测量微弱电压和电动势。

【实验目的】

（1）掌握电位差计工作原理和结构特点。

（2）通过校正电表，学会使用电位差计。

【实验仪器】

UJ33a 型电位差计、标准电池、毫安表、电池、滑动变阻器。

【实验原理】

若用一般的电压表测电池电动势，如图 2-52（a）所示，因为表中内阻不能无穷大，线路中有电流，电池内阻必有电压降，所以伏特表读到的电压不是电动势 E_X，而是路端电压 U，即

$$U = E_X - I \cdot r_g \tag{2-72}$$

式中：I 为线路中电流；r_g 为待测电池内阻。

图 2-52（b）中，若 E_0 是可调且可知其电动势大小的电源，当检流计 G 中没有电流，据欧姆定律有：$E_X = E_0$。这种测量电动势的方法为补偿法。因为这种方法基本上不消耗（或不扰动）待测源的能量，在微小信号的精密测量中广泛被采用。

在实际的电位差计中，E_0 以一段电路的电位差替代，如图 2-53 所示。E_S 是标准电池，其电动势为 1.0183V，R_1 由几个固定的电阻和一个阻值连续可调的精密电阻组成。

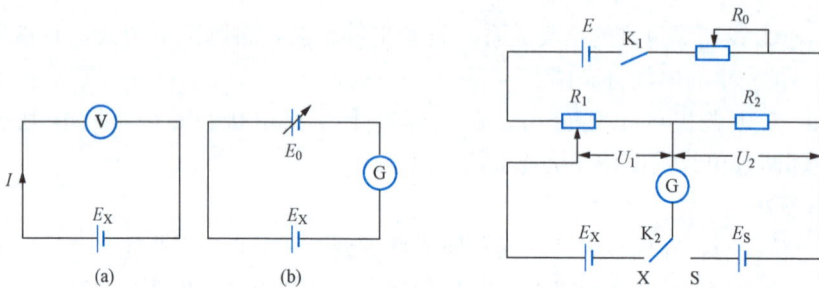

图 2-52 实验测量电路

图 2-53 电位差计原理图

R_2 为固定电阻，其值为 101.83Ω。当 K_1 合上，把 K_2 拨向 S 处，调节 R_0，改变回路的电流 I，使检流计中电流为 0，R_2 两端的电压等于 E_S，即 $I = \dfrac{E_S}{R_2} = \dfrac{1.0183}{101.83} = 0.0100000(\text{A})$。测量 E_X 时，K_2 拨向 X 一边，调节 R_1 使检流计再一次等于零，因这时并没有改变工作电流 I，故 $E_X = 0.0100000 \cdot R_X(\text{V})$。由于 R_1 在制造时各挡及连续可调的电阻值已知，且把各电阻所对应的电压值已标记在仪器上，待测电动势（电压）的值就可以直接读出来。

电位差计的使用，可总结为以下三点：

（1）机械零点的调整。

（2）工作电流的调整。

（3）测量电动势。电位差计测量电动势是精密测量，一般来说这种精密测量应知道电动

势的大概值及极性（或通过计算，或通过粗略
测量），在其附近进行精确测量。这样可使测
量安全、快速完成。

电位差计使用的共同点：均使检流计指针
指零。

下面以 UJ33a 型电位差计为例说明其功能。

图 2 - 54 所示为 UJ33a 型电位差的面板图。

（1）机械零点的调节：把"倍率"K_1 旋钮
旋离"断"处，通电 2min 后，调节"调零"
旋钮，使检流计指零。

（2）工作电流的调节：将 K_3 扳至"标准"
端，调节"工作电流调节"旋钮，使检流计
指零。

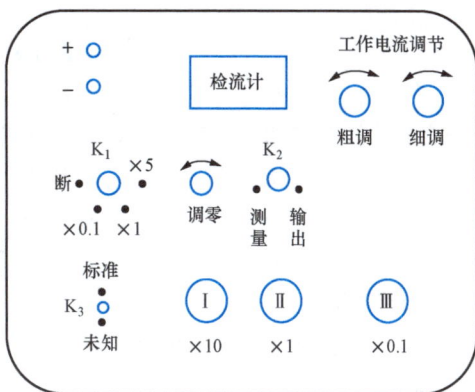

图 2 - 54　UJ33a 型电位差计面板图

（3）测量：根据待测量的大概值，转动选择开关 K_1 选好倍率，转动输出开关 K_2 至
"测量"位置，将 K_3 扳向"未知"端，依序调节Ⅰ，Ⅱ，Ⅲ测量盘，使检流计指零，可读
数据并记录。

倍率的选择（最大测量范围）：

$K = 0.1$，$0.1 \times (10 \times 20 + 10 + 0.1 \times 10.0) = 21.10$（mV）

$K = 1$，$1 \times (10 \times 20 + 1 \times 10 + 0.1 \times 10.0) = 211.0$（mV）

$K = 5$，$5 \times (10 \times 20 + 1 \times 10 + 0.1 \times 10.0) = 1055.0$（mV）

应根据计算（或粗测或实验室提示）值先拨至接近的值，再进行测量。

【实验内容及操作】

（1）用电位差计测量标准电池电动势。将待测电池接到"待测"接线柱。

1）倍率选择开关转至×5，机械调零。

2）调整好工作电流。

3）测量标准电池的电动势，测量 6 次，计算测量值的不确定度，给出测量结果表达式。

（2）用电位差计测量微安表的内阻。画出测定微安表内阻的电路图。

提示：可以用电位差计测量电路中的毫安表两端电压。

【注意事项】

（1）按被测电动势大小选择适当的倍率。

（2）连接线路时必须注意标准电池、工作电源和被测电动势（或电压）的极性，切不可
接错。

（3）测量结束后，应将倍率开关调至"断"挡。

【思考题】

（1）电位差计是利用什么原理制成的？

（2）实验中，若发现检流计总是偏向一边，无法调平衡，试分析可能的原因有哪些？

（3）如果任你选择一个阻值已知的标准电阻，能否用电位差计测量一个未知电阻？试写
出测量原理，绘出测量电路图。

实验 2.14　长 度 的 测 量

长度是基本物理量，长度测量是一切测量的基础，是最基本的物理测量之一。米尺、游标卡尺、螺旋测微器（千分尺）是最基本的长度测量仪器。它们的测量范围和测量精度各不相同，学习使用这些基本测量仪器时，应注意掌握其构造特点、读数原理、使用方法及维护知识等，以便在实际测量中，能根据具体情况进行合理的选择使用。

【重点难点】

游标卡尺、螺旋测微器的读数原理及使用方法。

【实验目的】

（1）了解游标卡尺和螺旋测微器的工作原理。

（2）掌握游标卡尺和螺旋测微器的使用方法。

（3）掌握直接测量和间接测量的数据处理方法。

【实验仪器】

游标卡尺（0～150mm，0.02mm）、螺旋测微器（千分尺）（0～25mm，0.01mm）、待测物体。

【实验原理】

1. 游标卡尺的原理及使用方法

游标卡尺是一种利用游标原理制成的测量长度的常用工具。它可以用来测物体的长度、宽度、高度、深度及物体的内、外直径。游标卡尺可以将米尺需要估读的数值准确地读出，它的最小分度有 0.1mm（10 分度游标）、0.05mm（20 分度游标）、0.02mm（50 分度游标）等几种规格。游标卡尺的示值误差不超过其最小分度，仪器误差取其最小分度值。本实验以最小分度值 0.02mm 的卡尺为例，介绍游标卡尺的基本结构、测量精度的确定、使用方法和注意事项。

游标卡尺的结构和读数原理如图 2-55 所示。

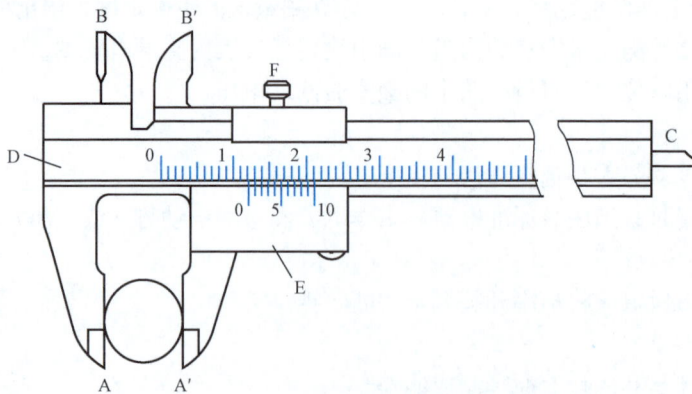

图 2-55　游标卡尺

游标卡尺由两部分组成，一部分为刻有毫米刻度的直尺 D，称为主尺，在主尺 D 上有量爪 A、量刃 B；另一部分为附加在主尺上能沿主尺滑动并有量爪 A′、量刃 B′的不同分度尺，称为游标 E。量爪 A、A′用来测量物体的厚度和外径；量刃 B、B′用来测量内径；C 为尾尺，用来测量物体深度；待测物理量的测量值由游标零线和主尺零线之间的距离来表示。F 为固定螺钉，用来固定游标，每次测量时，需将游标固定再进行读数，这样才可保持原测量值。

游标尺与主尺有如下关系：游标尺上共有 A 格，且 A 格的总长度等于主尺上（$A-1$）格的总长度。设游标每小格长度为 X、主尺上每小格长度为 Y，则有

$$AX = (A-1)Y \tag{2-73}$$

所以有

$$Y - X = \frac{Y}{A} \tag{2-74}$$

主尺上每小格的长度 Y 与游标尺上每小格的长度 X 之间的差值如果用 ΔK 表示，则有

$$\Delta K = Y - X = \frac{Y}{A} \tag{2-75}$$

主尺上的最小格长度与游标尺上每小格长度的差值 ΔK，称为游标卡尺的精度。

许多测量仪器上都采用游标装置，有的游标刻在直尺上，有的刻在圆盘上（如旋光仪、分光仪等），它们的原理和读数方法都是一样的。一般来说游标尺的最小分度用下式计算

$$游标尺的精度(\Delta K) = \frac{主尺上一个最小分格的长度}{游标尺上的总分格数}$$

例如：游标卡尺的主尺上一个最小分格的长度为 1mm，游标尺上共刻有 50 个最小分格，则该游标卡尺的精度为

$$\frac{1mm}{50} = 0.02mm$$

精度 0.02mm，表示游标尺上一个最小分格比主尺上一个最小分格长度小 0.02mm。

游标卡尺的读数包括整数部分（L）和小数部分（ΔL）。在测量物体的总长度时，把物体夹在量爪之间，被测物体的总长度是游标尺零线与主尺零线之间的距离。

具体读数的方法可分两步进行：

（1）主尺读数：读出主尺上最靠近游标尺"0"刻线的整数部分 L。

（2）游标读数：找出游标尺上"0"刻线右边第几条刻线和主尺的刻线对得最齐，将该条刻线的序号乘以游标尺的精度，即为小数部分 ΔL。

如图 2-56 所示，游标卡尺的精度是 0.02mm，主尺上最靠近游标"0"线的刻线在 21mm 和 22mm 之间，主尺读数 $L=21.00mm$；游标尺上"0"线右边第 10 条刻线和主尺的刻线对得最齐，游标部分的读数 $\Delta L=10\times0.02=0.20$（mm）。被测物体长度为 $L+\Delta L=21.00+0.20=21.20$（mm）。

2. 螺旋测微器

螺旋测微器也称千分尺，是一种比游标卡尺更精密的量具。较为常见的一种如图 2-57 所示，分度值是 0.01mm，量程为 0～25mm。

螺旋测微器的结构主要分为两部分。一部分是曲柄和固定套筒互相牢固地连在一起，另一部分是微分套筒和测微螺杆牢固地连在一起。因为在固定套筒里刻有阴螺纹，测微螺杆的外面刻有阳螺旋，所以后者可以相对前者转动。转动时测微螺杆就向左或右移动，曲柄附在测砧和固定套筒上，微分套筒后端附有测力装置（保护棘轮）。当锁紧手柄锁紧后，固定套

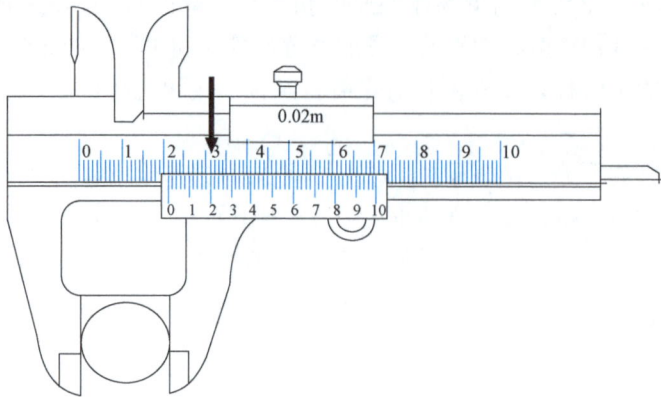

图 2-56　游标卡尺的读数

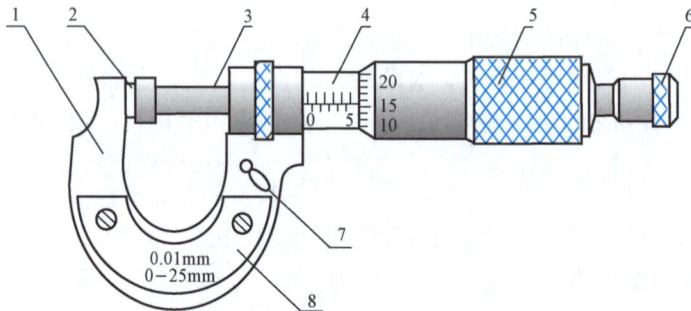

图 2-57　螺旋测微器

1—尺架；2—测砧；3—测微螺杆；4—固定套管；5—微分套筒；6—棘轮；7—锁紧装置；8—绝热板

筒和微分套筒的位置就固定不变。

　　固定套筒上刻有一条横线，其下侧是一个有毫米刻度的直尺，即主尺；它的任一刻线与其下侧相邻线的间距是 0.5mm。在微分套筒的一端侧面上刻有 50 等分的刻度，称为副尺。测微螺杆的螺距 0.5mm，即微分套筒旋转一周，测微螺杆就前进或后退 0.5mm，因此微分套筒每转一格，测微螺杆就前进或后退 0.01mm，这个数值就是螺旋测微器的精密度。

　　若测微螺杆的一端与测砧相接触，微分套筒的边缘就和固定套筒上零刻度相重合，同时微分套筒边缘上的零刻度线和固定套筒主尺上的横线相重合，这就是零位（特别注意，测量前要求进行零点修正：微分套筒的零刻度线在固定套筒主尺横线上方的零点为负值；反之，零点为正值，测量读数减去零点数值作为最终测量结果）。当微分套筒向后旋转一周时，测微螺杆就离开测砧 0.5mm。固定套筒上便露出 0.5mm 的刻度线，向后转两周，固定套筒上露出 1mm 的刻线，表示测微螺杆和测砧相距 1mm，以此类推。因此根据微分套筒边缘所在的位置可以从主尺上读出 0.5mm 以上的读数（0.5，1，1.5，…），不足 0.5m 的小数部分从副尺上读出。

　　如图 2-58 所示，固定套筒的主尺上的读数超过 5mm，不到 5.5mm，主尺的横线所对微分套筒边缘上的刻度数已经超过了 15 个刻度，而没有达到 16 个刻度，估读为 15.2，因

此物体的长度为 $L=5+15.2×0.01=5.152$（mm）。

结果中最后一位数字 2 是估读的。

如图 2-59 所示，固定套筒的主尺上的读数超过 5.5mm，不到 6mm，主尺的横线所对微分套筒边缘上的刻度数已经超过了 15 个刻度，而没有达到 16 个刻度，估读为 15.2，因此物体的长度为 $L=5.5+15.2×0.01=5.652$（mm）。

结果中最后一位数字 2 是估读的，在这里要注意上面两个读数的区别。

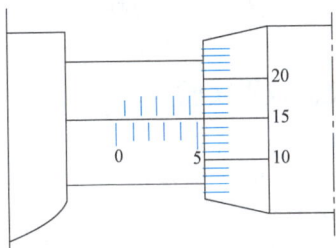
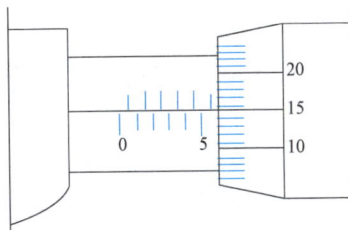

图 2-58　5.152mm　　　　　　　　　　图 2-59　5.652mm

【实验内容及操作】

1. 游标卡尺的使用

（1）先使游标卡尺的两量爪密切结合，测零点读数。若游标上的零刻线与主尺上的零刻线重合，则零点读为"0"；若游标上的零刻线与主尺的零刻线不重合，先读出初读数 L_1，然后对末读数 L_2 进行修正，测量值 $L=L_2-L_1$。

（2）右手握主尺，用拇指推动游标尺上的小轮，使游标尺向右到某一任意位置，固定螺丝 F 后读出长度值。在掌握操作方法和读数方法后开始测量。

（3）用游标卡尺测圆筒的内径 $D_内$、外径 $D_外$ 和深度 H，不同的位置测 6 次。

2. 螺旋测微器（千分尺）的使用

（1）熟悉螺旋测微器的使用方法和读数方法后，开始测量。

（2）记下零点读数，测量小钢球直径 D 和金属丝的直径 d，不同位置分别测 6 次。

【数据处理】

根据测量数据进行数据处理。

【注意事项】

（1）用游标卡尺读数时要将固定螺钉 F 固定，移动游标时，应松开固定螺钉 F。

（2）使用螺旋测微器测量时，当测微螺杆的一端靠近被测物体或测砧时，不要继续旋转微分套筒，要改旋保护棘轮，当听到"咔，咔"的声音，表明物体已被夹紧，就不再旋转保护棘轮了。这样可以保证测微螺杆以适当压力加在被测物体或测砧上，不太松又不太紧。

（3）测量时，不足微分套筒一格的测量值可估读。

（4）测量前记录零点读数。如果微分套筒边缘上零线与固定套筒主尺上的横线相重合，恰为零位，零点读数为零。如果微分套筒边缘上零线在主尺横线下方，则零点读数为正值。例如：主尺上横线与微分套筒边缘的第 5 根线重合，零点数是 $+0.050$mm；如果微分套筒边缘零线在主尺横线的上方，则零点读数为负值。例如：主尺上的横线与微分套筒边缘的第 45 根横线（即 0 线下方第 5 根线）重合，零点读数为 -0.050mm。实际物体长度等于螺旋测微器的读数与零点读数之差。

（5）螺旋测微器使用完毕，测微螺杆和测砧间要留有一定缝隙，防止热膨胀时两者过分压紧而损坏螺纹。

【思考题】

1. 游标卡尺精密度如何计算？用游标卡尺进行测量时，如何读数？
2. 螺旋测微器的精密度如何确定？用它进行测量时如何读数？
3. 使用游标卡尺、螺旋测微器应注意哪些事项？
4. 通过本实验，总结在进行实验测量时，应如何正确选择合适的测量工具。

实验 2.15　理想气体状态方程实验

当一定质量的气体处于热平衡状态时，表征该气体状态的一组参量——压强 p、体积 V 和温度 T 各有一定值。如果没有外界的影响，这些参量将维持不变，当气体与外界交换能量时，气体将从一个状态不断地变化到另一个状态。实验事实表明，表征平衡状态的三个参量之间存在一定的关系，满足该关系的方程称为气体的状态方程。一般气体，在压强不太大（与大气压比较）和温度不太低（与室温比较）的实验范围内，遵守玻意耳 - 马略特定律、查理定律和盖·吕萨克定律的气体称为理想气体。理想气体实际上是不存在的，它只是真实气体的初步近似，很多真实气体如氢、氧、氮、氦等，在一般温度和较低的压强下，都可看作理想气体。

本实验通过单独改变温度或压强或体积，验证上述三定律，并计算密封气体的物质的量或普适气体常量。

【重点难点】

变温过程准确地测量压强和温度。

【实验目的】

（1）研究等温条件下，一定质量气体的压强与体积的关系，验证玻意耳 - 马略特定律。
（2）研究等容条件下，一定质量气体的温度与压强的关系，验证查理定律。
（3）研究等压条件下，一定质量气体的温度与体积的关系，验证盖·吕萨克定律。
（4）计算一定气体的物质的量。
（5）计算普适气体常量。

【实验仪器】

理想气体状态方程实验仪（图 2 - 60），主要包括气体定律实验装置、数字温度计、数字压强计、直流稳压电源等。

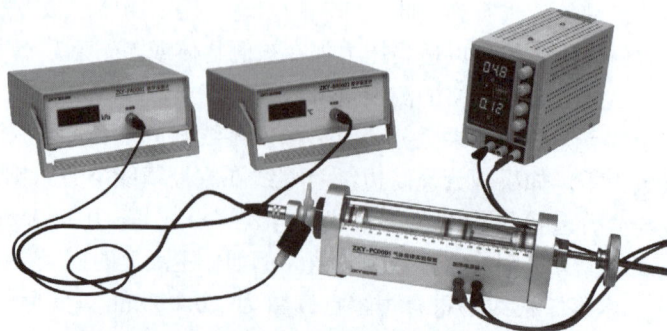

图 2 - 60　理想气体状态方程实验仪

1. 气体定律实验装置

气体定律实验装置是验证理想气体状态方程的实验主体。一定质量的气体（实验前可改变气体体积）被活塞密封在透明电热管内，通过旋转大螺母推动活塞的移动来改变气体的体积，采用透明电热管均匀加热的方式以改变气体的温度，管内的气体通过气管可与外界空气或压强传感器连通，管内的气体温度通过内置的温度传感器配合数字温度计进行测量。

气体定律实验装置前面板上有一对功率电源输入孔，可采用直流电源方式，管内气体温度设计不超过 100℃。若超过 100℃，应及时断开加热电源。其一端的四芯航空插座是温度传感器接口，邻近的气管是压强传感器接口。

由于加热时电热管温度较高，加热时请勿触摸电热管，以免烫伤；并且应避免划伤玻管。

2. 数字温度计

用于测量和显示密封气体的温度，含异常提示功能：

数码管显示"E　P"表示未连接温度传感器。

数码管显示"E　L"表示温度低于 −55℃。

数码管显示"E　H"表示温度高于 +155℃。

3. 数字压强计

用于测量和显示密封气体的绝对压强，含异常提示功能：

数码管显示"E　P"表示未连接压强传感器。

数码管显示"E　L"表示压强低于 20kPa。

数码管显示"E　H"表示压强高于 210kPa。

4. 直流稳压电源

直流稳压电源用于给气体定律实验装置的电热管供电，连续可调电压范围：0～30V。

【实验原理】

理想气体状态方程，又称理想气体定律、普适气体定律，是描述理想气体在处于平衡状态时，压强、体积、物质的量、温度间关系的状态方程。它建立在玻意耳 - 马略特定律、查理定律、盖·吕萨克定律等经验定律之上。

理想气体状态方程是由研究低压下气体的行为导出的。但各气体在适用理想气体状态方程时多少有些偏差；压力越低，偏差越小，在极低压力下理想气体状态方程可较准确地描述真实气体的行为。极低的压强意味着分子之间的距离非常大，此时分子之间的相互作用力非常小，因而分子可近似被看作是没有体积的质点。于是从极低压力气体的行为出发，抽象提出理想气体的概念。

1662 年，英国化学家、物理学家玻意耳根据实验结果提出："在密闭容器中的定量气体，在恒温下，气体的压强和体积成反比关系。"这是人类历史上第一个被发现的"定律"。14 年后，法国物理学家马略特也独立地发现了这一定律，而且比玻意耳更深刻地认识到这个定律的重要性。后人把他俩的发现合称为玻意耳 - 马略特定律。

查理定律指出，一定质量的气体，当其体积一定时，它的压强与热力学温度成正比。

1802 年，盖·吕萨克发现气体热膨胀定律，即盖·吕萨克定律：压强不变时，一定质量气体的体积跟热力学温度成正比。

上述三个定律中各物理量间的关系曲线如图 2 - 61 所示（T 表示热力学温度或绝对温度）。

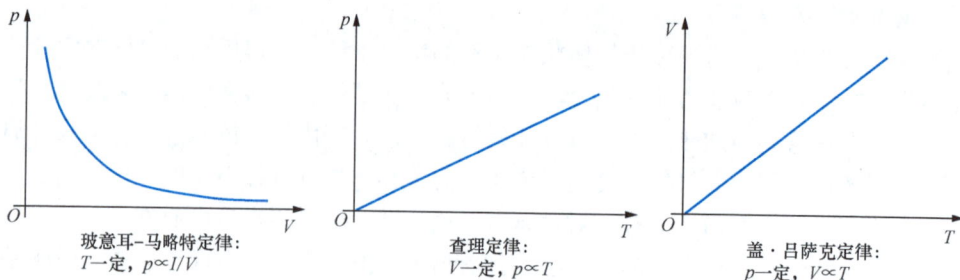

图 2-61　三定律各物理量之间的关系曲线

根据上述三定律，以及阿伏伽德罗定律和理想气体温标定义，可以推导出理想气体状态方程，具体如下：

气体的体积随压强 p、温度 T 以及气体分子的数量 N 而变，写成函数形式是 $V=f(p, T, N)$，或

$$dV = \left(\frac{\partial V}{\partial p}\right)_{T,N} dp + \left(\frac{\partial V}{\partial T}\right)_{p,N} dT + \left(\frac{\partial V}{\partial N}\right)_{T,p} dN \tag{2-76}$$

对于一定量的气体，N 为常数，$dN=0$，即

$$dV = \left(\frac{\partial V}{\partial p}\right)_{T,N} dp + \left(\frac{\partial V}{\partial T}\right)_{p,N} dT \tag{2-77}$$

根据玻意耳 - 马略特定律，$V = \dfrac{C}{p}$，C 为常数，即

$$\left(\frac{\partial V}{\partial p}\right)_{T,N} = -\frac{C}{p^2} = -\frac{V}{p} \tag{2-78}$$

根据盖·吕萨克定律，$V = C'T$，C' 为常数，即

$$\left(\frac{\partial V}{\partial T}\right)_{p,N} = C' = \frac{V}{T} \tag{2-79}$$

代入上式后得

$$dV = -\frac{V}{p} dp + \frac{V}{T} dT \text{ 或} \frac{dV}{V} = -\frac{1}{p} dp + \frac{1}{T} dT \tag{2-80}$$

式（2-80）积分得

$$\ln V + \ln p = \ln T + C'' \tag{2-81}$$

故有

$$\frac{pV}{T} = \text{恒量（气体质量一定）} \tag{2-82}$$

该方程表示，对于一定质量的理想气体，任意状态下，pV/T 的值都相等。

进一步的实验表明，在一定温度和压强下，气体的体积 V 和它的质量 m 或物质的量 n 成正比。

阿伏伽德罗定律指出，在相同温度和压强下，1mol 的各种理想气体的体积都相同。在标准状态下（$p_0=101.3\text{kPa}$，$T_0=273.16\text{K}$），1mol 理想气体的体积 $V_m=22.4\text{L}$，于是可定义为

$$R = \frac{p_0 V_m}{T_0} = 8.31\text{J}/(\text{mol} \cdot \text{K}) \tag{2-83}$$

R 称为普适气体常数。对于任一物质的量为 n mol 的理想气体，有

$$\frac{pV}{T} = \frac{p_0 n V_\mathrm{m}}{T_0} = nR \text{ 或 } pV = nRT \tag{2-84}$$

【实验内容及操作】

操作视频

1. 实验前准备

拔下气体定律实验装置与压强传感器连通的气管，使玻管内外气压相等，然后将活塞前端面（约定朝向标尺零刻线的一面为前端面）旋至标尺上 90.0mL 处（读数需估读至 0.1mL，下同）。判定前端面所对齐刻线的方法是：单眼观察前端面，沿标尺刻度值增大方向缓慢移动人眼，当前端面外圆轮廓在人眼视网膜上的投影恰好由椭圆变成一条线段时，该线段所对齐的标尺上的刻线即为前端面所在体积视值位置，如图 2-62 所示。

实验 2.15 理想气体
状态方程实验

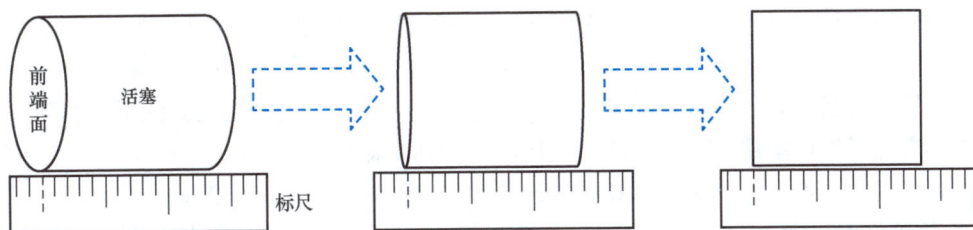

图 2-62 不同人眼视觉下活塞与标尺的相对位置示意图（标尺上虚线为活塞前端面所对齐刻线）

将气管与压强传感器重新接通，使玻管内气体处于密封状态。将气体定律实验装置的温度传感器接口与数字温度计相连。将活塞旋至体积最小处，反向旋转活塞，使其前端面对齐标尺上 60.0mL 处。

说明：由于活塞上的密封圈直径一般小于活塞凹槽的宽度，为尽量减小密封圈相对活塞端面位置的不确定性引起的体积测量偏差，在同一个实验中活塞应单向移动。

打开直流稳压电源（不外接电路，仅预热），打开数字温度计和数字压强计，预热约 10min。等待用电装置和密闭气体温度压强稳定。

2. 验证玻意耳-马略特定律

研究等温条件下，一定质量气体的压强与体积的关系，验证玻意耳-马略特定律。

(1) 以稳定后数字温度计显示的摄氏温度作为室温并记录在表 2-7 中。

(2) 改变活塞位置，在表 2-7 中记录体积视值 V' 在 60/70/80/90/100/110/120mL 各处时的压强值 p_i，每个状态下待温度恢复到室温±0.2℃后记录压强值。

3. 验证查理定律

研究等容条件下，一定质量气体的温度与压强的关系，验证查理定律。

(1) 保持前述密封气体的质量（或物质的量）不变，即切勿断开气管。将活塞旋至 $V'=90.0$mL，待温度稳定后再次记录室温下、该体积下的压强值 p（该数据记录在表 2-8 中第一列）。

(2) 将直流稳压电源电流调节旋钮顺时针调至最大（以避免在实验过程中出现限流保护），使其处于恒压模式（即 C.V 模式），并将电压调节旋钮逆时针旋转到底。

(3) 用导线将直流稳压电源输出端与气体定律实验装置的加热电源输入端连接后，根据表 2-8 中推荐的电压设置直流稳压电源电压 U_i。此后数字温度计显示气体温度逐渐升高，从设置好 U_i 开始计时，等待约 5min 记录对应电压下的温度 T_i 和压强 p_i。

（4）记录完最后一组电压下的参数后，将电压调为 12.0V（为下一实验做准备），然后关闭直流稳压电源开关，待理想气体实验装置自然降温（注意：若发现温度超过 100℃，应立即关闭直流稳压电源开关，停止加热，避免对气体定律实验装置造成损坏或影响其寿命）。

4. 验证盖·吕萨克定律

研究等压条件下，一定质量气体的温度与体积的关系，验证盖·吕萨克定律。

（1）保持前述密封气体的质量（或物质的量）不变，切勿断开气管。保持 $V' = 90.0$mL，关闭直流稳压电源开关后，等待 $15\sim20$min，记录对应的压强值 p。将此时的温度和体积记录在表 2-9 中第一列。

（2）打开直流稳压电源开关，根据表 2-9 中推荐的电压设置直流稳压电源电压 U_i。此后数字温度计显示气体温度逐渐升高。

（3）及时改变气体体积，使得压强随时都在（$p\pm0.2$）kPa 范围内，从设置好 U_i 开始计时，等待约 5min，在表 2-9 中记录对应电压下的温度 T_i 和气体体积视值 V'_i。

（4）记录完最后一组电压下的参数后，关闭直流稳压电源开关，断开连接导线，待理想气体实验装置自然降温（注意：若发现温度超过 100℃，应立即关闭直流稳压电源开关，停止加热，避免对气体定律实验装置造成损坏或影响其寿命）。

实验完成后，拔下气体连通管和相关连接线并收纳，断开所有电源。

【数据处理】

（1）研究等温条件下，一定质量气体的压强与体积的关系，验证玻意耳-马略特定律。

1）计算表 2-7 中各压强值的倒数 $1/p$。

2）根据表 2-7 数据绘制室温下密封气体的 $V'-1/p$ 关系曲线，用直线拟合该曲线并得到纵坐标截距 V_0，V_0 即是由于结构原因无法准确给出的密封气体的体积零差。直线斜率即为 nRT，根据温度 T（绝对温度）和 R 的参考值 [参考值 $R=8.31$ J/（mol·K）]，计算出密封气体的物质的量 n。

表 2-7   同一温度下，测量气体的压强与体积的关系   室温：   ℃

体积 V'(mL)	60.0	70.0	80.0	90.0	100.0	110.0	120.0
压强 p (kPa)							
$\dfrac{1}{p}$（kPa^{-1}）							

（2）研究等容条件下，一定质量气体的温度与压强的关系，验证查理定律。

将记录的各摄氏温度换算成绝对温度，并根据表 2-8 数据绘制定容条件下密封气体的 $p-T$ 关系曲线，用直线拟合该曲线。直线斜率即为 $nR/（V'-V_0）$。根据体积视值 V'、前述实验得到的体积零差 V_0 和物质的量 n，计算 R 并与参考值进行比较计算相对误差。

表 2-8   同一体积下，测量气体压强与温度的关系   体积视值 V'：   mL

电压 U（V）	0.0	12.0	17.0	20.8	24.0	26.8
摄氏温度 T（℃）						
绝对温度 T（K）						
压强 p（kPa）						

（3）研究等压条件下，一定质量气体的温度与体积的关系，验证盖·吕萨克定律。

将记录的各摄氏温度换算成绝对温度，并根据表 2 - 9 数据绘制定压条件下密封气体的 $V'-T$ 关系曲线，用直线拟合该曲线。直线斜率即为 nR/p。根据气体压强 p 和已计算出的物质的量 n，计算 R 并与参考值进行比较计算相对误差。

表 2 - 9 　　　　　　　　同一压强下，测量气体体积与温度的关系　　　　　压强：　　kPa

电压 U（V）	0.0	12.0	17.0	20.8	24.0	26.8
摄氏温度 T（℃）						
绝对温度 T（K）						
体积视值 V'（mL）						

【注意事项】

（1）直流稳压电源、数字温度计和数字压强计电源输入端为高压，严禁在通电情况下接触输入线缆的金属部分，否则可能会发生人身伤害。另外，直流稳压电源、数字温度计和数字压强计的性能可能会降低。

（2）直流稳压电源、数字温度计和数字压强计交流供电使用单相三线电源。三线电源线的地线必须良好接地，地线与零线不应有电位差。如果仪器没有正确接地将会导致严重致命的电气错误。

（3）仪器所含的玻璃件均为易碎品，应小心轻放，勿压勿摔。

（4）仪器中含有发热元件，在其工作时请勿触摸以免烫伤。

【思考题】

1. 采用何种方式能够有效地保持等温条件？

2. 简述直线拟合的步骤。

第 3 章 综合性实验

实验 3.1 太阳能电池基本特性的研究

能源危机已成为世人关注的全球性问题。为了经济持续发展及环境保护，人们大量开发其他能源，如水能、风能及太阳能。硅太阳能电池作为绿色能源，其应用领域除人造卫星和宇宙飞船外，还包括许多民用领域：如太阳能汽车、太阳能游艇、太阳能收音机、太阳能计算机、太阳能乡村电站等。

太阳能的利用和太阳能电池特性研究是 21 世纪新型能源开发的重点课题。本实验主要是提高学生对太阳能电池特性的认识，学习研究太阳能电池的基本光电特性，学会电学与光学的一些重要实验方法及数据处理方法。

【重点难点】
测量过程中各部件的角度保持，数据处理中作图法的运用。

【实验目的】
（1）探讨太阳能电池的基本特性。
（2）了解和掌握太阳能电池能够吸收光的能量，并将所吸收的光子能量转换为电能。

【实验仪器】
FD-OE-4 型太阳能电池基本特性测定仪〔光具座、滑块二块、光源、黑盒内装太阳能电池并有正负引线引出、带探测器数字式光功率计、遮光罩 1 个、黑盒用遮光板 1 块、数字电压表 1 只、电阻箱 1 只或数字万用表 2 只、干电池 2 节（1.5V）或直流电源 1 个〕。

【实验原理】
太阳能电池在没有光照时的特性可视为二极管，在没有光照时其正向偏压 U 与通过电流 I 的关系式为

$$I = I_0(e^{\beta U} - 1) \tag{3-1}$$

式中，I_0 和 β 是常数。由半导体理论，二极管主要是由能隙为 E_C-E_V 的半导体构成，如图 3-1 所示。E_C 为半导体导带，E_V 为半导体价带。当入射光子能量大于能隙时，光子会被半导体吸收，产生电子和空穴对。电子和空穴对会分别受到二极管之内电场的影响而产生光电流。

假设太阳能电池的理论模型是由一理想电流源（光照产生光电流的电流源）、一个理想二极管、一个并联电阻 R_{sh} 与一个电阻 R_s 组成，如图 3-2 所示。

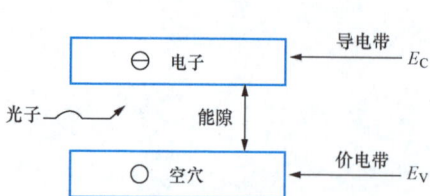

图 3-1 太阳能电池原理

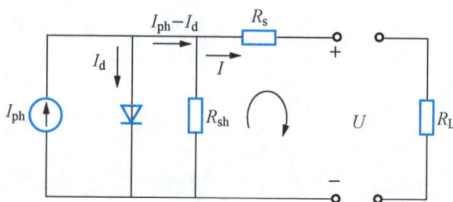

图 3-2 太阳能电池的理论模型

图 3-2 中，I_{ph} 为太阳能电池在光照时该等效电源输出电流，I_d 为光照时，通过太阳能电池内部二极管的电流。由基尔霍夫定律得

$$IR_s + U - (I_{ph} - I_d - I)R_{sh} = 0 \tag{3-2}$$

式中：I 为太阳能电池的输出电流；U 为输出电压。由式（3-1）可得

$$I\left(1 + \frac{R_s}{R_{sh}}\right) = I_{ph} - \frac{U}{R_{sh}} - I_d \tag{3-3}$$

假定 $R_{sh} = \infty$ 和 $R_s = 0$，太阳能电池可简化为图 3-3 所示电路。

这里，$I = I_{ph} - I_d = I_{ph} - I_0(e^{\beta U} - 1)$。

在短路时，$U = 0$，$I_{ph} = I_{sc}$；而在开路时，$I = 0$，$I_{sc} - I_0(e^{\beta U_{oc}} - 1) = 0$；

$$U_{OC} = \frac{1}{\beta}\ln\left(\frac{I_{sc}}{I_0} + 1\right) \tag{3-4}$$

式（3-4）即为在 $R_{sh} = \infty$ 和 $R_s = 0$ 的情况下，太阳能电池的开路电压 U_{oc} 和短路电流 I_{sc} 的关系式。实验装置如图 3-4 所示。

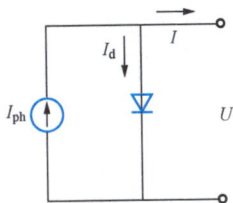

图 3-3 太阳能电池简化电路

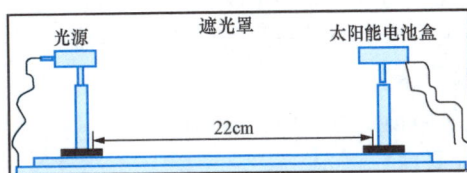

图 3-4 FD-OE-4 型太阳能电池基本特性测定仪

【实验内容及操作】

（1）在不加偏压时，用白色光源照射，测量太阳能电池的一些特性。注意，此时光源到太阳能电池的距离需保持 22cm。

（2）测量太阳能电池的光照效应与光电性质。

在暗箱中（用遮光罩挡光），取离白光源 23cm 水平距离光强作为标准光照强度，用光功率计测量该处的光照强度 J_0；改变太阳能电池到光源的距离 x，用光功率计测量 x 处的光照强度 J，求光强 J 与位置 x 的关系。

操作视频

实验 3.1 太阳能电池基本特性的研究

【注意事项】

（1）禁止乱动电源线。

（2）太阳能电池的两条输出线要轻拿轻放。

【思考题】

1. 查阅相关资料，讨论太阳能电池在实际生活中的应用。

2. 请对本实验进行总结，按照标准格式，写一篇科技论文。

实验 3.2 光 的 等 厚 干 涉

3.2.1 牛顿环干涉

光的干涉是重要的光学现象之一，是光的波动性的重要实验依据。两列频率相同、振动

方向相同和位相差恒定的相干光，在空间相交区域将会发生相互加强或减弱现象，即光的干涉现象。光的波长虽然很短（$4 \times 10^{-7} \sim 8 \times 10^{-7}$m 之间），但干涉条纹的间距和条纹数却很容易用光学仪器测得。根据干涉条纹数目和间距的变化与光程差、波长等的关系式，可以推出微小长度变化（光波波长数量级）和微小角度变化等，因此干涉现象在照相技术、测量技术、平面角检测技术、材料应力及形变研究等领域有着广泛地应用，如精确测量微小长度、角度及其微小变化，检验表面的平面度、平行度，研究零件内应力的分布等。

产生光的干涉现象需要用频率相同、振动方向相同和位相差恒定的相干光源，为此，可将由同一光源发出的光分成两束光，在空间经过不同路径，汇合在一起而产生干涉。分光束的方法有分波阵面法和分振幅法两种，本实验等厚干涉采用后一种。

【重点难点】

如何准确测量圆环的直径。

【实验目的】

（1）观察和研究等厚干涉现象及特点。

（2）用干涉法测量平凸透镜的曲率半径。

【实验仪器】

读数显微镜，牛顿环，钠光灯。

【实验原理】

牛顿环由曲率半径 R 较大的平凸透镜的凸面置于平面镜构成。如图 3-5 所示，当单色面光源 S 发射的光照在 45°镜，将光向下反射，在空气薄膜的上下表面 B 和 C 反射的两束光为相干光，两光相遇产生干涉。由于空气薄膜的厚度从接触点 O 逐渐变厚，且以 O 为中心，半径为 r 处为等厚，光程差相同，形成的干涉条纹见图 3-5，中间粗疏边缘细密，且为以 O 为圆心的同心圆。

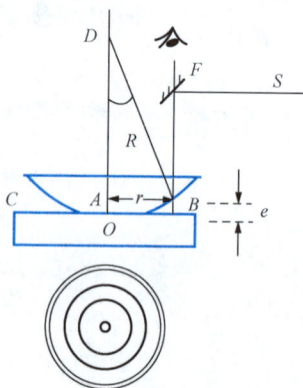

图 3-5　牛顿环的干涉原理与干涉

两束相干光在第 K 级条纹处的光程差为

$$\delta_K = 2e + \frac{\lambda}{2} \qquad (3-5)$$

式中：λ 为入射波的波长，加 $\frac{\lambda}{2}$ 是由于光从光密媒质射入光疏媒质发生反射时有半波损失带来的光程差。

由图 3-5 所示直角三角形 DAB 可知

$$R^2 = r^2 + (R-e)^2$$

整理得

$$r^2 = 2eR - e^2$$

因空气薄膜厚度 e 远小于透镜的曲率半径 R，即 $e \ll R$，故可略去二级小量 e^2，则有

$$e = \frac{r^2}{2R}$$

将 e 值代入式（3-5）得

$$\delta = \frac{r^2}{R} + \frac{\lambda}{2} \qquad (3-6)$$

由干涉理论可知，当光程差为入射波半波长的奇数倍时为暗纹：即 $\delta = (2K+1)\dfrac{\lambda}{2}$（$K = 0，1，2，3，\cdots$）为暗纹条件。代入式（3-6）得

$$r_K^2 = KR\lambda \tag{3-7}$$

如果已知入射光的波长 λ，并测得第 K 级暗条纹半径 r_K，则可由式（3-7）算出透镜的曲率半径 R。

但是由于透镜和平玻璃板接触时，接触压力引起形变以及镜面上可能有微小灰尘等，引起附加的光程差，牛顿环中心不是一个点，而是一个不甚清晰的或暗或亮的圆斑，这会给测量带来困难。

（1）圆心无法准确确定，给半径测量带来较大的误差。

（2）因中心环模糊不清，K 值无法准确确定。

我们可以通过取两个暗条纹半径的平方差来减小附加程差带来的误差。假设附加厚度为 a，则光程差为

$$\delta = 2(e \pm a) + \frac{\lambda}{2}$$

$$e = K \cdot \frac{\lambda}{2} \pm a$$

将式（3-6）代入得

$$r = kR\lambda \pm 2Ra$$

取第 m，n 级暗条纹，则对应的暗环半径为

$$r_m^2 = mR\lambda \pm 2Ra$$

$$r_n^2 = nR\lambda \pm 2Ra$$

将两式相减得

$$r_m^2 - r_n^2 = (m-n)R\lambda$$

可见 $r_m^2 - r_n^2$ 与附加厚度 a 无关。又因暗环圆心不易确定，以暗环的直径替换得

$$D_m^2 - D_n^2 = 4(m-n)\lambda R \tag{3-8}$$

从表面上看，直径的测量也要知道圆心，似乎问题没有得到解决。但是几何学中很容易证明，同心圆中任一直线所割的两个弦的平方差都等于直径的平方差。也就是说上式中的 D_m 和 D_n 不必（严格）经圆心。而且，在查干涉条纹数 m 和 n 时，中间模糊处当成某一数（索性当成"1"），那么 m 和 n 的绝对值不准，但其差（$m-n$）是准确的。这样处理后，测量中的困难全部得到解决。

由式（3-8）可得出透镜曲率半径的表示式为

$$R = \frac{D_m^2 - D_n^2}{4(m-n)\lambda} \tag{3-9}$$

由于牛顿环非常细密，需要用读数显微镜进行测量。

【实验内容及操作】

（1）如图 3-6 所示，把牛顿环（装置）放在读数显微镜的载物台上，45°半反射镜对准钠光灯，并转动 45°镜，使望远镜的视野足够亮。

调节显微镜调焦鼓轮（从下往上调），看清牛顿环干涉条纹，

操作视频

实验 3.2　光的等厚干涉

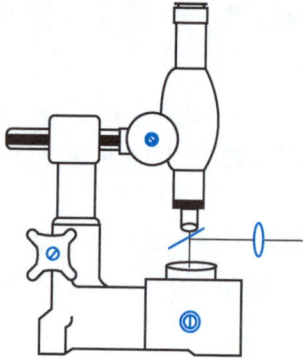

图 3-6　读数显微镜及牛顿环

同时调节目镜消除视差。

（2）观察牛顿环干涉条纹的分布状况。

（3）测量牛顿环直径。从第 50 环往回测至 35 环。每一环的左右值记录下来填入表中，利用式（3-9）求出牛顿环的曲率半径 R。

【数据处理】

用最小二乘法计算牛顿环平凸透镜的曲率半径。

【注意事项】

精密仪器中由于螺距公差的存在，从一个方向拧动转换成另一相反的方向拧动时，存在着螺纹间隙误差，为了消除螺矩带来的误差，在测量中螺纹系统拧动的方向必须保持不变。

【思考题】

1. 在牛顿环实验中，假如平玻璃板上有微小的凸起，则凸起处空气薄膜厚度减小，导致干涉条纹发生畸变。试问对应的牛顿环干涉条纹将局部内凹还是局部外凸？为什么？

2. 由于干涉条纹都具有一定的宽度，如何准确测量干涉条纹的"直径"？

3.2.2　劈尖干涉

【重点难点】

弯曲条纹的最大弯曲跨度的测量。

【实验目的】

（1）观察劈尖形成的等厚干涉条纹的特点。

（2）测量劈尖垫片的厚度。

（3）测量玻璃板上凹痕的深度。

【实验仪器】

读数显微镜、劈尖装置、钠光灯。

【实验原理】

如图 3-7 所示，劈尖装置为两块光学平板玻璃叠在一起，一端接触，另一端夹入薄片或细丝，以单射光垂直照射，在空气劈尖薄膜的上下表面反射的光相遇干涉，形成明暗相间的干涉条纹，这是一种等厚干涉，条纹的明暗取决于上下表面反射光的光程差，空气薄膜厚度相同的所有点，光程差相同，构成同级条纹。

光程差　$\delta = 2e + \dfrac{\lambda}{2}$

当 $\delta = K\lambda$ 时，产生明纹；

当 $\delta = (2K+1)\dfrac{\lambda}{2}$ 时产生暗条纹，如图 3-8 所示。

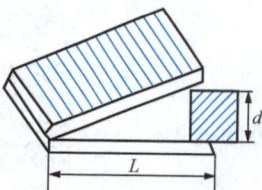

图 3-7　劈尖及其干涉条纹

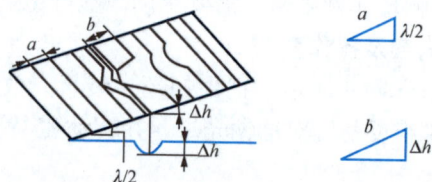

图 3-8　劈尖厚度、凹痕及对应干涉条纹

1. 测劈尖（垫片）厚度 d

由等厚干涉原理可知，两相邻暗纹所对应的空气膜厚度相差半个波长 $\left(\dfrac{\lambda}{2}\right)$，根据这一结论，如果能测出劈尖从接触点到垫起端总共有多少条暗纹（或明纹），就可以算出垫片厚度 $d=\dfrac{\lambda h}{2a}$。准确测量条纹总数会有一定困难，可用间接方法测量，比如先测条纹密度和劈尖总长，再算条纹总数。

2. 测凹痕深度 Δh

当其中一块玻璃板表面凸凹不平时，干涉条纹会出现弯曲。例如，有凹痕时，凹痕处对应的空气薄膜厚度相同，该大级数条纹将向凹痕方向弯曲，如图 3-8 所示。如果测出相邻条纹间距离 a 和弯曲条纹的最大弯曲跨度 b，由图 3-8 所示的几何关系，就可以求出凹痕深度 Δh，$h=\dfrac{\lambda b}{2a}$。

【实验内容及操作】

利用实验室提供的读数显微镜和劈尖样品，自己设计实验方案，测量劈尖的厚度及凹痕的深度。

（1）阐明实验原理和计算公式，拟出实验步骤，列出实验数据表格，独立完成测量并计算测量结果。

（2）分析讨论系统误差产生的原因。

【数据处理】

计算劈尖中垫片厚度和凹痕深度。

【注意事项】

注意避免螺距公差对测量结果的影响。

实验 3.3　光　电　效　应

光电效应是指一定频率的光照射在金属表面时会有电子从金属表面逸出的现象。1905年，爱因斯坦提出光量子假说，圆满的解释了光电效应，并给出了光电方程。物理学家密立根对光电效应进行了定量的实验研究，证实了爱因斯坦方程的正确性，并准确测出了普朗克常数。爱因斯坦和密立根因在光电效应等方面的杰出贡献分别于 1921 年和 1923 年获得诺贝尔物理学奖。光电效应实验及其光量子理论的解释，在量子理论的确立与发展，以及揭示光的波粒二象性等方面都具有划时代的意义。利用光电效应制成的光电器件在科学技术领域得到广泛应用。

【重点难点】

利用光电效应现象总结相应规律，爱因斯坦光电效应方程对伏安特性曲线解释。

【实验目的】

（1）了解光电效应的规律，加深对光的量子性的理解。

（2）测量普朗克常数 h。

【实验仪器】

智能光电效应（普朗克常数）实验仪（由汞灯及电源、滤色片、光阑、光电管、智能光电效应实验仪构成）。

【实验原理】

光电效应的实验原理如图 3-9 所示。入射光照射到光电管阴极 K 上，产生的光电子在电场的作用下向阳极 A 迁移构成光电流，改变外加电压 U_{AK}，测量出光电流 I 的大小，即可得出光电管的伏安特性曲线。

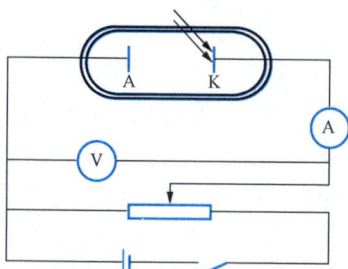

图 3-9　光电效应实验原理图

光电效应的基本实验事实如下：

（1）对应于某一频率，光电效应的 I-U_{AK} 关系如图 3-10 所示。从图中可见，对一定的频率，有一电压 U_0，当 $U_{AK} \leqslant U_0$ 时，电流为零，这个相对于阴极的负值的阳极电压 U_0，被称为截止电压。

（2）当 $U_{AK} > U_0$ 后，I 迅速增加，然后趋于饱和，饱和光电流 I_M 的大小与入射光的强度 P 成正比。

（3）对于不同频率的光，其截止电压的值不同，如图 3-11 所示。

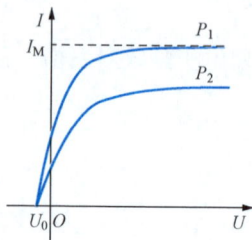

图 3-10　光电管 I-U 曲线

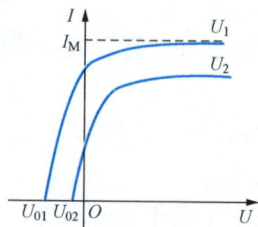

图 3-11　不同频率时光电管 I-U 曲线

（4）作截止电压 U_0 与频率 ν 的关系图，如图 3-12 所示。U_0 与 ν 成正比。当入射光频率低于某极限值 ν_0（ν_0 随不同金属而异）时，不论光的强度如何，照射时间多长，都没有光电流产生。

（5）光电效应是瞬时效应。即使入射光的强度非常微弱，只要频率大于 ν_0，在开始照射后立即有光电子产生，所经过的时间至多为 10^{-9} s 的数量级。

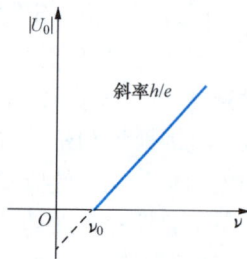

图 3-12　U_0-ν 关系图

按照爱因斯坦的光量子理论，光并不像电磁波理论所想象的那样，分布在波阵面上，而是集中在被称为光子的微粒上，但这种微粒仍然保持着频率（或波长）的概念，频率为 ν 的光子具有能量 $E = h\nu$（h 为普朗克常数）。当光子照射到金属表面上时，一次为金属中的电子全部吸收，而无需积累能量的时间。电子把这能量的一部分用来克服金属表面对它的吸引力，余下的就变为电子离开金属表面后的动能，按照能量守恒原理，爱因斯坦提出了著名的光电效应方程，即

$$h\nu = \frac{1}{2}m\nu_0^2 + A \tag{3-10}$$

式中：A 为金属的逸出功；$\frac{1}{2}m\nu_0^2$ 为光电子获得的初始动能。

由式（3-10）可知，入射到金属表面的光频率越高，逸出的电子动能越大，所以即使阳极电位比阴极电位低时也会有电子落入阳极形成光电流，直至阳极电位低于截止电压，光电流才为零，此时有关系

$$e \mid U_0 \mid = \frac{1}{2} m \nu_0^2 \qquad (3-11)$$

阳极电位高于截止电压后，随着阳极电位的升高，阳极对阴极发射的电子的收集作用越强，光电流随之上升；当阳极电压高到一定程度，已把阴极发射的光电子几乎全收集到阳极，再增加 U_{AK} 时，I 不再变化，光电流出现饱和，饱和光电流 I_M 的大小与入射光的强度 P 成正比。光子的能量 $h\nu_0 < A$ 时，电子不能脱离金属，因而没有光电流产生。产生光电效应的最低频率（截止频率）是 $\nu_0 = A/h$。将式（3-11）代入式（3-10）可得

$$e \mid U_0 \mid = h\nu - A \qquad (3-12)$$

此式表明截止电压 U_0 是频率 ν 的线性函数，直线斜率 $k = h/e$，只要用实验方法得出不同的频率对应的截止电压，求出直线斜率，就可算出普朗克常数 h。

爱因斯坦的光量子理论成功地解释了光电效应规律。

【实验内容及操作】

实验仪有手动和自动两种工作模式，具有数据自动采集，存储，实时显示采集数据，动态显示采集曲线（连接普通示波器，可同时显示 5 个存储区中存储的曲线），以及采集完成后查询数据的功能。

（1）测试前准备：将实验仪及汞灯电源接通（汞灯及光电管暗箱遮光盖盖上），预热 20min。

调整光电管与汞灯距离为约 400mm 并保持不变。

用专用连接线将光电管暗箱电压输入端与实验仪电压输出端（后面板上）连接起来（红—红，蓝—蓝）。将"电流量程"选择开关置于所选挡位，进行测试前调零。实验仪在开机或改变电流量程后，都会自动进入调零状态。调零时应将光电管暗箱电流输出端 K 与实验仪微电流输入端（后面板上）断开，旋转"调零"旋钮使电流指示为 000.0。调节好后，用高频匹配电缆将电流输入端连接起来，按"调零确认/系统清零"键，系统进入测试状态。

若要动态显示采集曲线，需将实验仪的"信号输出"端口接至示波器的"Y"输入端，"同步输出"端口接至示波器的"外触发"输入端。示波器"触发源"开关拨至"外"，"Y 衰减"旋钮拨至约"1V/格"，"扫描时间"旋钮拨至约"20 μs/格"。此时，示波器将用轮流扫描的方式显示 5 个存储区中存储的曲线，横轴代表电压 U_{AK}，纵轴代表电流 I。

（2）测普朗克常数 h。问题讨论及测量方法：

理论上，测出各频率的光照射下阴极电流为零时对应的 U_{AK}，其绝对值即该频率的截止电压，然而实际上由于光电管的阳极反向电流、暗电流、本底电流及极间接触电位差的影响，实测电流并非阴极电流，实测电流为零时对应的 U_{AK} 也并非截止电压。

光电管制作过程中阳极往往被污染，沾上少许阴极材料，入射光照射阳极或入射光从阴极反射到阳极之后都会造成阳极光电子发射，U_{AK} 为负值时，阳极发射的电子向阴极迁移构成了阳极反向电流。

暗电流和本底电流是热激发产生的光电流与杂散光照射光电管产生的光电流，可以在光

实验 3.3　光电效应

电管制作，或测量过程中采取适当措施以减小它们的影响。

极间接触电位差与入射光频率无关，只影响 U_0 的准确性，不影响 U_0-ν 直线斜率，对测定 h 无大影响。

由于本实验仪器的电流放大器灵敏度高，稳定性好；光电管阳极反向电流、暗电流水平也较低。在测量各谱线的截止电压 U_0 时，可采用零电流法，即直接将各谱线照射下测得的电流为零时对应的电压 U_{AK} 的绝对值作为截止电压 U_0。此法的前提是阳极反向电流、暗电流和本底电流都很小，用零电流法测得的截止电压与真实值相差较小。且各谱线的截止电压都相差 ΔU，对 U_0-ν 曲线的斜率无大影响，因此对 h 的测量不会产生大的影响。

使"手动/自动"模式键处于手动模式。

将直径 4mm 的光阑及 365nm 的滤色片装在光电管暗箱光输入口上，打开汞灯遮光盖。

此时电压表显示 U_{AK} 的值，单位为伏；电流表显示与 U_{AK} 对应的电流值 I，单位为所选择的"电流量程"。

从低到高调节电压（绝对值减小），观察电流值的变化，寻找电流为零时对应的 U_{AK}，以其绝对值作为该波长对应的 U_0 值，并记录数据。为尽快找到 U_0 的值，调节时应从高位到低位，先确定高位的值，再顺次往低位调节。

依次换上 405，436，546，547nm 的滤色片，重复以上测量步骤。

（3）同频率，不同光照距离下伏安特性曲线测量。光阑直径 4mm，滤光片选择 546nm，光照距离分别调至 400mm 和 300mm 时，测量电压在 1.0，5.0，10.0，15.0，20.0，25.0，30.0，35.0，40.0，45.0，48.0，50.0V 时的相应电流值，在坐标纸上绘制伏安特性曲线。

【数据处理】

（1）根据截止电压测量实验结果，在坐标纸上画出 U_0-ν 曲线。

（2）利用最小二乘法计算出普朗克常量 h。

（3）在坐标纸上同一坐标系中画出同频率、不同光照距离的伏安特性曲线，通过比较证明饱和光电流与入射光强度成正比。

【注意事项】

（1）不做实验时，光电管入光口和光源出光口必须用遮光盖遮挡，实验时才能取下遮光盖。

（2）测量过程中电流量程变换时，电流表需要重新调零。

（3）实验完成时，滤光片和光阑按顺序放回木盒中，关闭仪器电源开关。

【思考题】

1. 光电效应规律是什么？

2. 伏安特性曲线测量实验中，随着电压增加，电流不断增大，如果电流表数值变成"0.000"该如何继续进行实验？需要注意什么？

实验 3.4　光　纤　传　感

光纤传感技术是现代科学技术发展的新技术，它是光纤及光通信技术迅速发展的产物。光纤传感器被列入现代传感技术的发展方向之一，具有体积小，灵敏度高，响应速度快，质量轻，成本低，以及抗电磁干扰、抗腐蚀、防燃防爆等特点，被广泛应用到生产、生活、环境保护、医学等各个领域，发展前景十分广阔。

【重点难点】

光纤位移传感器实验原理。

【实验目的】

（1）了解光纤位移传感器的结构及性能。

（2）掌握光纤位移传感器的原理及测量方法。

【实验仪器】

主副电源、差动放大器、电压表、光纤传感器，振动台。

【实验原理】

1. 光纤的结构

光导纤维简称光纤，目前基本上还是采用石英玻璃，其结构如图 3‐13 所示，中心的圆柱体称为纤芯，围绕着纤芯的圆形外层称为包层。纤芯和包层主要由石英玻璃制成。纤芯的折射率 n_1 略大于包层的折射率 n_2。在包层外面还常有一层保护层，多为尼龙材料。光纤的导光能力取决于纤芯和包层的性质，而其机械强度由保护套维持。

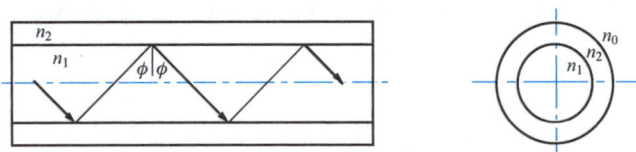

图 3‐13 光纤的结构

光纤的工作基础是光的全反射。由于纤芯的折射率略大于包层的折射率，当光从纤芯射向涂层，且入射角大于临界角，则射入的光在界面上产生全反射，呈"之"字形前进，传播到圆柱形光纤的另一端而发射出去，这就是光纤的传光原理。

光纤传感器是由数百根光纤组成的光缆和红外发射接收电路组成的传光型传感器。线性范围在 2mm 左右。

2. 反射式光纤位移传感器的工作原理

如图 3‐14 所示，光纤采用 Y 形结构。两束多膜光纤一端合并组成光纤探头，另一端分为两束，分别作为光源光纤和接收光纤，光纤只起传输信号的作用，当光发射器发出的红外光，经光源光纤照射至反射面，被反射的光经接收光纤至光电转换器，将接收到的光转换为电信号。其输出的光强取决于反射体距光纤的距离，通过对光强的检测而得到位移量。

光电转换器为光纤和红外发射、接收电路提供驱动、放大和稳幅。

本实验是由红外发射—接受—稳幅和光纤传输—反射形成的传光型光纤位移传感器。其工作原理是：当光纤探头端部紧贴被测部件时，发射光纤中的光就不能反射到接收光纤中去，因而就不

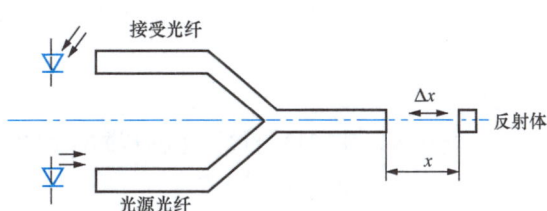

图 3‐14 光纤位移传感器原理图

能产生光电流信号；当被测表面逐渐远离光纤探头时，发射光纤照亮被测表面的面积越来越

大，因而相应的发射光锥和接收光锥重合面积越来越大，因而接收光纤端面上被照亮的区域也越来越大，有一个线性增长的输出信号；当整个接收光纤的端面被全部照亮时，输出信号就达到位移－输出电压特性曲线上的"光峰点"，光峰点以前的这段曲线称为前坡区，当被

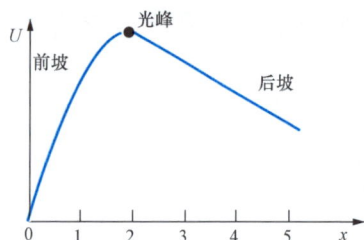

图 3-15　输出特性曲线

测表面继续远离时，有部分反射光没有反射进接收光纤，接收到的光强逐渐减小，光敏检测器的输出信号逐渐减弱，便进入曲线的后坡区。如图 3-15 所示，在后坡区，信号的减弱与探头和被测表面之间的距离平方成反比。

在位移－输出电压特性曲线的前坡区中，输出信号的强度增加得非常快，所以这一区域可以用来进行微米级的位移量测量。后坡区可用于距离较远而灵敏度、线性度和精度要求不高的测量。而在所谓的光峰区，输出信号对于光强度变化的灵敏度要比对于位移变化的灵敏度大得多，所以这个区域可用于对表面状态进行光学测量。

【实验内容及操作】

（1）观察光纤位移传感器结构，它由两束光纤混合后，组成 Y 形光纤，探头固定在 Z 形安装架上，外表为螺丝的端面，为半圆分布的光纤探头。

（2）了解振动台在实验仪上的位置（实验仪台面上右边的圆盘，在振动台上贴有反射纸作为光的反射面）。

操作视频

实验 3.4　光纤传感

（3）因为光/电转换器内部已安装好，所以可将电信号直接经差动放大器放大。电压表的切换开关置 20.0V 挡，开启主、副电源。

（4）旋转测微头，使光纤探头与振动台面接触，调节差动放大器增益适中，调节差动放大器的零位旋钮，使电压表的读数尽量为零，旋转测微头，使贴有反射纸的被测体慢慢离开探头，观察电压读数由小到大到小的变化。

（5）旋转测微头，使电压表指示重新回零；旋转测微头，每增加 0.10mm（或 0.20mm）读出电压表的读数并填入表格。

（6）关闭主、副电源，把所有的旋钮复原到初始位置。

【数据处理】

（1）利用逐差法计算灵敏度 $S = \dfrac{\Delta U}{\Delta x}$。

（2）在坐标纸上作出 U-Δx 特性曲线。

（3）在图上标出最大光峰值坐标及前坡和后坡中呈直线的区间范围。

【注意事项】

（1）光纤禁止弯折。

（2）旋转测微头时应沿单一方向旋转，避免回转带来误差。

（3）测量前，电压表需调零。

【思考题】

1. 入射光线符合什么条件，在光纤传输光的过程中才能发生全反射？

2. 为什么验证测量的特性曲线数据不重复？

实验 3.5 光敏电阻的特性研究

光敏电阻器是利用半导体的光电效应制成的一种电阻值随入射光的强弱而改变的电阻器，一般用于光的测量、光的控制和光电转换。光敏电阻器对光的敏感性与人眼对可见光的响应很接近，通过光控电路实现对光的控制，具有灵敏度高、体积小、机械强度高、耐振动等特点。

【重点难点】

光敏电阻工作特性及应用，光敏电阻调光电路原理。

【实验目的】

（1）了解光敏电阻的工作原理、结构、性能。

（2）设计组装光控开关。

【实验仪器】

光敏电阻、直流稳压电源、电位器、电压表。

【实验原理】

入射光子使物质的导电率发生变化的现象，称为光电导效应。硫化镉（CdS）光敏电阻就是利用光电导效应的光电探测器的典型元件。根据制造方法，其光敏面分为单结晶型、烧结型、真空镀膜型。光导体结构图如图 3 - 16 所示，就是将（CdS）粉末烧结于陶瓷基片上，并在基片上做蛇型电极。通过这样的方法，可增加电极和光敏面的结合部分的长度，从而可以得到大电流。

当光敏电阻受到光的照射时，其材料的电导率发生变化，表现出阻值的变化。光照越强，它的阻值越低。因此，可以通过一定的电路得到输出信号随光的变化而改变的电压或电流信号。当光敏电阻受到一定波长范围的光照时，它的阻值将急剧变化，因此电路中电流将迅速增加，便可获得光敏电阻随光或时间变化的特性，即光敏电阻的特性。

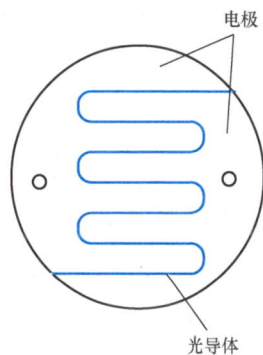

图 3 - 16 光导体结构图

【实验内容及操作】

（1）按图 3 - 17 接线。

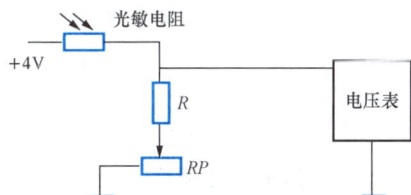

图 3 - 17 实验电路图

（2）将直流稳压电源±4V 接入仪器顶部光敏类传感器盒±4V 端口。

（3）将光强调节旋钮调至小位，电压表调至 2V 挡，调节 RP 电位使电压表表示值最小。

（4）慢慢调节光强旋钮，发光二极管亮度增加，注意观察电压表数字变化。

（5）电位器每旋转约 20°记录一个数据。

【数据处理】

（1）观察实验现象，当调节光强旋钮，发光二极管亮度增加时，总结电压表数字变化规律。

（2）在坐标纸上画出光敏电阻的特性曲线。

（3）设计一个光控开关。

【注意事项】

（1）因为外界光对光敏元件也会产生影响，实验时应该尽量避免外界光的干扰。

（2）如果实验数据不稳，应该检查周围是否是有人员走动或物体移动等产生影响所造成的。

【思考题】

1. 举例说明光敏电阻在日常生活中的实际应用。

2. 设计光控电路时，若采用白炽灯光或自然灯光作控制源，有什么优势？

实验 3.6　声 速 的 测 量

声波是一种在弹性介质中传播的纵波，声波的波长、强度、传播速度等是声波的重要性质。由于超声波具有波长短、能定向传播等特点，所以在超声波段进行声速测量是比较方便的。超声波的发射和接收一般通过电磁振动与机械振动的相互转换来实现，最常见的是利用压电效应和磁致伸缩效应。在实际应用中，对于超声波测距、定位测液体流速、测材料弹性模量、测量气体温度的瞬间变化等方面，超声波传播速度都有重要意义。本实验就是测量超声波在空气中的传播速度。

【实验目的】

（1）学习测量超声波在空气中的传播速度的方法。

（2）加深对驻波和振动合成等理论知识的理解。

（3）了解压电换能器的功能和培养综合使用仪器的能力。

【实验仪器】

声速测量仪，示波器，信号发生器。

【实验原理】

声波是一种在弹性介质中传遍的机械波，振动频率在 $20 \sim 20000 \mathrm{Hz}$ 的声波称为可闻声波，频率低于 $20 \mathrm{Hz}$ 的声波称为次声波，频率高于 $20000 \mathrm{Hz}$ 的声波称为超声波。声波的波长、频率、强度、传播速度等是声波的特性。对这些量的测量是声学技术的重要内容。如声速的测量在声波定位、探伤、测距中有着广泛的应用。测量声速最简单的方法之一是利用声速与振动频率 f 和波长 λ 之间的关系来进行的，即

$$v = f\lambda \tag{3-13}$$

可见，只要测得声波的频率 f 和波长 λ，就可求得声速 v。其中声波频率 f 可通过频率计测得。图 3-18 所示为声速测量仪实验装置，图中 A_1、A_2 为结构相同的一对超声波压电陶瓷换能器。A_1 固定在底座上，可作超声波发射器，当把电信号加在换能器 A_1 的电输入端时，A_1 的端面 S_1 产生机械振动并在空气

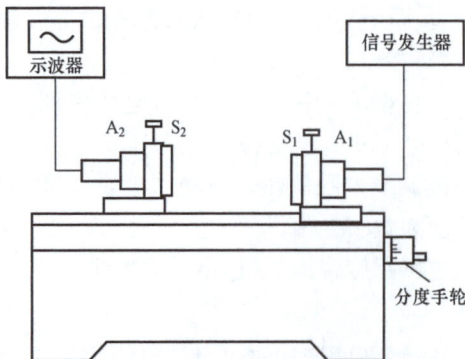

图 3-18　声速测量仪实验装置

中激发出超声波。由于端面 S_1 的直径比波长大很多，可以近似地认为激发的超声波是平面波。A_2 固定在拖板上，可作为超声波接收器。当声波传到换能器 A_2 的端面 S_2 时，S_2 接收到的振动，会在换能器 A_2 的电输出端产生相应的电信号。由信号发生器发出的超声波，经接收器反射后将在两端面间来回反射并且叠加。叠加的波可近似地看作具有驻波加行波的特征。转动分度手轮，用螺杆推进拖板，使换能器 A_2 移动，可以改变两个换能器之间的距离，换能器 A_2 的移动位置可从数字测距仪上直接读出。

本实验的主要任务是测量声波波长 λ，常用的方法有相位法和驻波法。

1. 相位法

波是振动状态的传播，也可以说是相位的传播。在波的传播方向上的任何两点，如果其振动状态相同或者其相位差为 2π 的整数倍，这两点间的距离应等于波长的整数倍，即

$$l = n\lambda \, (n \text{ 为一正整数}) \tag{3-14}$$

利用式（3-14）可精确测量波长。

沿传播方向移动接收器时，总可以找到一个位置使得接收到的信号与发射器的激励电信号同相。继续移动接收器，直到找到的信号再一次与发射器的激励电信号同相时，移过的这段距离就等于声波的波长。

为了判断相位差并测量波长，可以利用双线示波器直接比较发射器的信号和接收器的信号，进而沿声波传播方向移动接收器寻找同相点来测量波长；也可以利用李萨如图形寻找同相或反相时椭圆退化成直线的点。

2. 驻波法

按照波动理论，发生器发出的平面声波经介质到接收器，若接收面与发射面平行，声波在接收面处就会被垂直反射，于是平面声波在两端面间来回反射并叠加。当接收端面与发射头间的距离恰好等于半波长的整数倍时，叠加后的波就形成驻波。此时相邻两波节（或波腹）间的距离等于半个波长（即 $\lambda/2$）。当发生器的激励频率等于驻波系统的固有频率（本实验中压电陶瓷的固有频率 40kHz）时，会产生驻波共振，波腹处的振幅达到最大值。

声波是一种纵波。由纵波的性质可以证明，驻波波节处的声压最大。当发生共振时，接收端面处为一波节，接收到的声压最大，转换成的电信号也最强。移动接收器到某个共振位置时，如果示波器上出现了最强的信号，继续移动接收器，再次出现最强的信号时，则两次共振位置之间的距离即为 $\lambda/2$。

【实验内容及操作】

1. 用相位法测声速

（1）信号发生器的信号输出接到发射器 A_1 上，接收器的输出端 A_2 和发射器 A_1 分别接入示波器的通道 1 和通道 2 通道。

（2）按下示波器多功能区的 Acquire 键，再按下菜单按键 XY，李萨如图形就会显示出来，用李萨如图形观察发射波与接收波的相位差。

操作视频

实验 3.6　声速的测量

（3）在共振条件下，使 S_2 靠近 S_1，然后慢慢移开 S_2，当示波器上出现 $45°$ 倾斜线时，微调游标卡尺的微调螺丝，使图形稳定，记下 S_2 的位置 L_0'。

（4）继续缓慢移开 S_2，依次记下示波器上出现直线时游标卡尺的读数 L_1', L_2', …, L_{12}'，共测 12 个，填入表 3-1 中。

表 3 - 1	相 位 法 测 声 速				$L_0' =$ mm	
相位差为 2π 点位置	L_1'	L_2'	L_3'	L_4'	L_5'	L_6'
相位差为 2π 点位置	L_7'	L_8'	L_9'	L_{10}'	L_{11}'	L_{12}'

2. 用驻波法测声速

（1）将接收器的输出端 A_2 接入示波器的 CH1 通道，信号发生器的信号输出接到发射器 A_1 上。调整示波器，使示波器的荧光屏上显示出从接收器 A_2 输出的正弦信号波形。

（2）根据实验室给出的压电陶瓷换能片的振动频率 40kHz，将信号发生器的输出频率调至 40kHz 附近，缓慢移动 S_2，当在示波器上看到正弦波首次出现振幅较大处，固定 S_2，再仔细微调信号发生器的输出频率，使荧光屏上图形振幅达到最大，读出共振频率 f。

（3）在共振条件下，将 S_2 移近 S_1，再缓慢移开 S_2，当示波器上出现振幅最大时，记下 S_2 的位置 L_0。

（4）由近及远移动 S_2，逐次记下各振幅最大时 S_2 的位置为 L_1，L_2，…，L_{12}，共测 12 个，填入表 3 - 2 中。

表 3 - 2	驻 波 法 测 声 速				$L_0 =$ mm	
各共振点位置	L_1	L_2	L_3	L_4	L_5	L_6
各共振点位置	L_7	L_8	L_9	L_{10}	L_{11}	L_{12}

【数据处理】

（1）用逐差法算出声波波长的平均值，并求出声速值。

（2）记下 t 室温。在 0℃ 时，声速 $= 331.45 \mathrm{m/s}$，则在 t 时的声速为 $v_t = v_0 \sqrt{1 + \dfrac{t}{273.15}}$ (m/s)，按上式计算出 v_t，并与实测值进行比较，计算相对误差 $E = \dfrac{|v - v_t|}{v_t} \times 100\%$。

【注意事项】

（1）实验前应了解压电换能器的谐振频率。

（2）实验过程中要保持激振电压不变。

【思考题】

1. 用逐差法处理数据的优点是什么？
2. 如何调节与判断测量系统是否处于共振状态。
3. 分析压电换能器的工作原理。
4. 为什么在共振状态下测定声速？

实验 3.7　非线性电路混沌实验

1963 年，美国气象学家 Lorenz 研究对天气至关重要的大气热对流问题，他发现即使对一个经过极度简化的系统来说，大气状况起始值的细微变化，已足以使非周期性的气息变化轨道全然改观。这种普遍存在的气象变化轨道的不稳定性，会使长期天气预报的希望幻灭。他曾以夸张的口吻讲到"蝴蝶效应"：南美洲亚马孙河流域热带雨林中一只蝴蝶偶然扇动了几下翅膀，所引起的微弱气流对地球大气的影响可能随时间增长而不是减弱，甚至可能两周后在美国得克萨斯州引起一场龙卷风。这说明确定性系统可以产生类似随机的运动，从而使人们有理由认为许多以往被视为随机的运动可能是由确定性系统所产生，确定性运动与随机运动可能存在由此及彼的关系。因而，混沌运动被视为 20 世纪继相对论和量子力学后的第三大重大发现，Lorenz 也成为第一个针对现实物理系统进行混沌研究的科学家。本实验通过一个简单电路产生混沌，讨论倍周期分叉产生混沌的过程，同时了解非线性电阻对产生混沌的作用，了解混沌现象的一些基本特征。

【重点难点】

通过示波器观察非线性电路混沌现象。

【实验目的】

（1）通过对非线性电路的分析，了解产生混沌现象的基本条件。

（2）通过调整电路的参数，学习倍周期分叉走向混沌的过程。

（3）在示波器上观察混沌的各种相图。

（4）测量电路中有源非线性电阻的伏安特性曲线。

【实验仪器】

非线性电路混沌实验仪、双踪示波器、电阻箱、数字万用表。

【实验原理】

混沌产生的必要条件是系统具有非线性因素。图 3-19（a）所示为讨论非线性电路系统的一种最简单的电路。电路中一共需要 5 个基本电路元件：4 个线性元件（L、C_1、R_0、C_2）和非线性元件 R，电路中电感 L 和电容 C_1 并联构成一个 LC 振荡电路。可变电阻 R_0 的作用是把振荡信号耦合到非线性电阻 R 上。理想的非线性元件 R 是分段线性电阻，如图 3-19（b）所示。

根据电路原理图 [图 3-19（a）] 可建立如下方程组

$$C_2 \frac{dU_{C2}}{dt} = \frac{1}{R_0}(U_{C1} - U_{C2}) - g(U_{C2})$$

$$C_1 \frac{dU_{C1}}{dt} = \frac{1}{R_0}(U_{C2} - U_{C1}) + i_L$$

$$L \frac{di_L}{dt} = -U_{C1} \qquad (3-15)$$

式中：U_{C1}、U_{C2} 为电容 C_1、C_2 上的电压；i_L 是电感 L 上的电流；$g(U_{C2})$ 是分段线性函

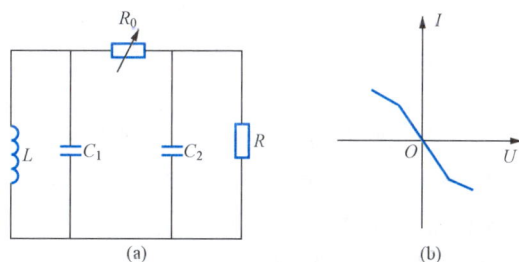

图 3-19　电路图及伏安特性曲线
（a）电路原理图；（b）非线性电阻的伏安特性图

数。由于 $g(U_{C2})$ 是非线性变化的，所以上面的三元非线性微分方程组一般没有解析解。若用计算机编程进行计算，当取适当电路参数时，可在显示屏上观察到模拟实验的混沌现象。

除了计算机数值模拟方法之外，更直接的方法是用示波器来观察混沌现象，实验电路如图 3-20 所示，图中，非线性电阻采用了双运算放大器和 6 个电阻来实现，电路中，L 和 C_1 并联构成振荡电路，RP_1、RP_2 和 C_2 的作用是分相，使 CH1 和 CH2 两处输入示波器的信号产生相位差，即可得到 X、Y 两信号的合成图像，双运放 TL072 的前级和后极正、负反馈

同时存在，正反馈的强弱与比值 $\dfrac{R_3}{RP_1+RP_2}$、$\dfrac{R_4}{RP_1+RP_2}$ 有关，负反馈的强弱与比值 $\dfrac{R_2}{R_1}$、$\dfrac{R_5}{R_4}$ 有关。当正反馈大于负反馈时，振荡电路才能维持振荡。若调节 RP_1、RP_2 时正反馈就发生变化，TL072 就处于振荡状态而表现出非线性。

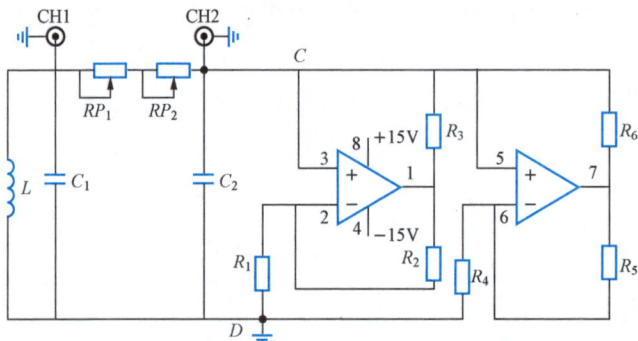

图 3-20　实验电路图

【实验内容及操作】

（1）按图 3-20 连接电路，将 CH1 和 CH2 接入示波器，并将示波器调至波形合成挡，调节可变电阻器 RP_1、RP_2 的阻值，我们可以观察到一系列现象。最初仪器刚打开时，电路中有短暂的稳态响应现象，这个稳态响应被称作系统的吸引子。这意味着系统响应部分虽然初始条件各异，但仍会变化到一个稳态。增加电导，这里的电导值为 $\dfrac{1}{RP_1+RP_2}$，曲线由 1 倍周期增至 2 周期，由 2 周期增至 4 周期，……，如果精度足够，当连续地、越来越小地调节时就会发现一系列永无止境的周期倍增，最终在有限的范围内会成为无穷周期的循环，从而显示出混沌吸引的性质。

（2）调节示波器相应的旋钮使其在 Y-X 状态工作，即 CH1 输入的大小反映在示波器的水平方向；CH2 输入的大小反映在示波器的垂直方向。CH2 输入的和 CH1 输入可放置 DC 态或 AC 态，并适当调节输入增益 U/DIU 波段开关，使示波器显示大小适度、稳定的图像。

（3）非线性电路混沌现象的观测。首先，把电感值调到 20mH 或 21mH，右旋细调电位器 RP_2 到底，左旋或右旋 RP_1 粗调多圈，使示波器出现一个圆圈，略斜向的椭圆；左旋多圈细调电位器 RP_2 少许，示波器上会出现 2 倍周期曲线，再左旋多圈细调电位器 RP_2 的阻值，示波器上会出现 3 倍周期曲线，再左旋多圈细调电位器 RP_2 的阻值，示波器上会出现 4 倍周期曲线，继续左旋多圈细调电位器 RP_2 的阻值，示波器会出现双吸引子（混沌）现象。

（4）调节电路中的电感 L，也可以使吸引子发生变化，仔细调节电感 L 的大小，观察上面出现的现象。

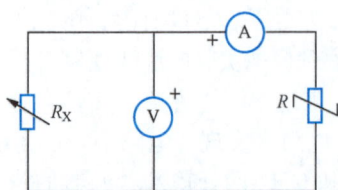

图 3-21　测伏安特性曲线电路图

（5）有源非线性电阻伏安特性的测量。将图 3-20 的 C、D 两点作为输出端，外接电流表和电阻箱 R_X。线路图如图 3-21 所示，电阻箱的电阻 R_X 由大向小调节，记录电阻值及电压表和电流表上对应的读数，测量并画出电路中等效非线性电阻的伏安特性曲线。

【注意事项】

(1) 双运算放大器的正负极不能接反，地线与电源接地点必须接触良好。

(2) 关掉电源以后，才能拆掉实验板上的接线。

(3) 使用仪器先预热 10～15min。

【思考题】

1. 阐述倍周期、混沌、奇异吸引子等概念的物理意义。

2. 混沌现象产生的条件是什么？实验中为什么用相图来观测倍周期分叉等现象？

3. 如何理解"混沌是确定系统的随机行为"，在实验中如何观察混沌的初值敏感性的特点?

实验 3.8　迈克耳孙干涉仪的应用

1801 年，英国医生托马斯·杨做出了第一个观察光的干涉现象的实验——光的双缝干涉实验，并成功地测出了红光和紫光波长，奠定了光的波动性的实验基础。按照经典力学的理论，光既然是一种波动，就一定要靠介质才能传播。于是，人们提出了所谓光的以太假说。为了探测以太的存在，1880 年，迈克耳孙在柏林大学的赫姆霍兹实验室开始筹划用干涉方法测量以太漂移速度的实验。之后，迈克耳孙精心设计了著名的迈克耳孙干涉装置，进行了耐心的实验测量，直到 1887 年 7 月也没能得到理论预期的以太漂移的结果。为最终否定以太假说奠定了坚实的实验基础，为爱因斯坦建立狭义相对论开辟了道路。后来，人们利用该装置的原理制成了迈克耳孙干涉仪，并用于研究光的精细结构和长度标准校准。迈克耳孙干涉仪是用分振幅的方法实现干涉的光学仪器，它设计巧妙，包含极为丰富的实验思想，在物理学发展中具有重大的历史意义，而且得到了十分广泛的应用。例如，迈克耳孙干涉仪可以观察各种不同几何形状、不同定域状态的干涉条纹；研究光源的时间相干性；测量气体、固体的折射率；进行微小长度测量等。

【重点难点】

在迈克耳孙干涉仪上调出非定域干涉条纹并测量激光波长。

【实验目的】

(1) 了解迈克耳孙干涉仪的干涉原理和调节方法。

(2) 观察不同定域状态的干涉条纹。

(3) 测量激光的波长。

【实验仪器】

迈克耳孙干涉仪，毛玻璃屏，He - Ne 激光器。

【实验原理】

1. 迈克耳孙干涉仪的结构和光路图

图 3 - 22 所示为迈克耳孙干涉仪的光路示意图，图中 M_1 和 M_2 是在相互垂直的两臂上放置的两个平面反射镜，其中 M_2 是固定的，M_1 由精密丝杆控制，可沿臂轴前、后移动，移动的位置由刻度转盘（由粗读和细读 2 组刻度盘组合而成）读出。G_1 和 G_2 是厚度均匀、相同材料的抛光玻璃平板，它们的镜面与轨道中心线成

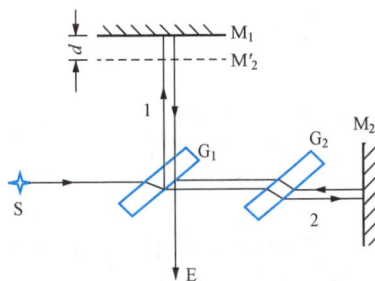

图 3 - 22　迈克耳孙干涉仪光路

45°角。G_1 的背面镀有半反射层的银膜，可将入射光分成强度相等的反射光 1 和透射光 2，故 G_1 又称为分光板。G_2 称为补偿板，用于补偿光线 1 和 2 因穿越 G_1 次数不同而产生的光程差。

从光源 S 射来的光在 G_1 处分成两部分，反射光 1 和透射光 2。反射光 1 射到 M_1 上被反射回来后，透过 G_1 到达 E 处。透射光 2 透过 G_2 射向 M_2，被 M_2 反射回来后，再透过 G_2 被 G_1 反射膜反射而到达 E 处。因为这两束光线是由一条光线分出来的，所以它们是相干光。如果没有 G_2，到达 E 的光线 1 通过玻璃平板 G_1 三次，而光线 2 通过玻璃平板 G_1 仅一次，这样两束光到达 E 时会存在光程差。放上玻璃平板 G_2 后，使光线 2 又通过玻璃平板 G_2 两次，这样就补偿了光线 2 到达 E 时光路中所缺少的光程，所以将 G_2 称为补偿板。光线 2 也可看作是从 G_1 半反射层中看到的 M_2 的虚像 M_2' 反射来的。M_1、M_2 所引起的干涉和 M_1、M_2' 所引起的干涉等效。因 M_2' 不是实物，故可方便地改变 M_1 和 M_2' 之间的距离，甚至可以使 M_1 和 M_2' 重叠和相交。

2. 点光源产生的非定域干涉条纹

两个相干的单色点光源所发出的球面波在相遇的空间处处皆可产生干涉现象，因此这种干涉称为非定域干涉。

点光源产生的非定域干涉条纹是这样形成的：用短焦距凸透镜会聚后的激光束是一个线度小、强度足够大的点光源，点光源经 M_1、M_2 反射后，相当于由两个虚光源 S_1、S_2 发出的相干光束，但 S_1 和 S_2 间的距离为 M_1 和 M_2' 距离的两倍，即 $S_1S_2 = 2d$，如图 3-23 所示。虚光源 S_1、S_2 发出的球面波在它们相遇的空间处处相干，因此这种干涉是非定域的干涉图样。

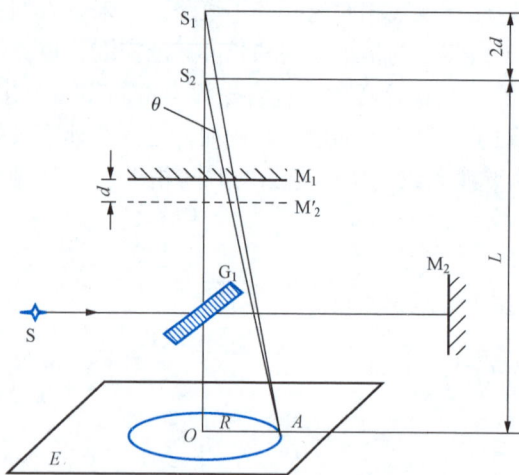

图 3-23 点光源非定域干涉

用毛玻璃屏观察干涉图样时，不同的地点可以观察到圆、椭圆、双曲线、直线状的条纹（在迈克耳孙干涉仪的实际情况下，放置屏的空间是有限的，只有圆和椭圆容易出现）。通常，把屏 E 放在垂直于 S_1S_2 连线的 OA 处，对应的干涉条纹是一组同心圆，圆心在 S_1S_2 延长线和屏的交点 O 上。

S_1 和 S_2 到屏上任一点 A，两光线的光程差 Δ 为

$$\Delta = S_1A - S_2A = \sqrt{(L+2d)^2 + R^2} - \sqrt{L^2 + R^2} = \sqrt{L^2 + R^2}\left[\sqrt{1 + \frac{4Ld + 4d^2}{L^2 + R^2}} - 1\right]$$

通常 $L \gg d$，利用展开式 $\sqrt{1+x} = 1 + \frac{1}{2}x - \frac{1}{2 \times 4}x^2 + \cdots$，取前两项，可将式子改写成

$$\Delta = \sqrt{L^2 + R^2}\left[\frac{1}{2} \times \frac{4Ld + 4d^2}{L^2 + R^2} - \frac{1}{8} \times \frac{16L^2 d^2}{(L^2 + R^2)}\right] = \frac{2Ld}{\sqrt{L^2 + R^2}}\left[\sqrt{1 + \frac{dR^2}{L(L^2 + R^2)}} - 1\right]$$

由图 3-23 所示三角关系，上式可改写成

$$\Delta = 2d\cos\theta\left(1 + \frac{d}{L}\sin^2\theta\right) \tag{3-16}$$

略去二级无穷小项，可得

$$\Delta = 2d\cos\theta \qquad\qquad (3-17)$$

当

$$\Delta = 2d\cos\theta = \begin{cases} k\lambda & \text{（明条纹）} \\ (2k+1)\dfrac{\lambda}{2} & \text{（暗条纹）} \end{cases} \qquad (3-18)$$

时，这种由点光源产生的圆环状干涉条纹，无论将观察屏 E 沿 $S_1 S_2$ 方向移动到什么位置都可以看到。

由式（3-18）可知：

（1）当 $\theta=0$ 时的光程差 Δ 最大，即圆心点所对应的干涉级别最高。转动微调手轮而移动 M_1，当 d 增加时，相当于增加了每一 k 级相应的 θ 角（或圆锥角），可以看到圆环一个个从中心"涌出"而后向外扩张。若 d 减小时，圆环逐渐缩小，最后"淹没"在中心处。每"涌出"或"陷入"一个圆环，相当于 $S_1 S_2$ 的光程差改变了一个波长 λ。设 M_1 移动了 Δd 距离，相应地的圆环数为 N，则

$$\Delta = 2\Delta d = N\lambda，\quad \lambda = \frac{2\Delta d}{N} \qquad (3-19)$$

从仪器上读出 M_1 的位置 d_i 并数出相应的圆环数，算出对应 N 个圆环所移动的距离 Δd，就可以测出光波的波长 λ。

（2）d 增大时，光程差 Δ 每改变一个波长 λ 所需 θ 的变化值减小，即两亮环（或两暗环）之间的间隔变小，看上去条纹变细变密；反之，d 减小时，条纹变粗变疏。

【实验内容及操作】

（1）调节激光器高低左右位置，使激光束大致垂直于 M_1，使反射回来的光束按原路返回。

（2）装上观察屏 E，可看到分别由 M_1 和 M_2 反射至屏的两排光点，每排四个光点，中间两个较亮，旁边两个较暗。调节 M_1 和 M_2 背面的两个螺钉，使两排光点一一重合，这时 M_1 与 M_2 大致垂直。

（3）在激光器与分光板 G_1 之间插入针孔板，此时在屏 E 上应能看到干涉条纹，再调节 M_2 镜下的两个拉簧螺钉，直到在屏上看到位置适中、清晰的圆环状的非定域干涉条纹。

操作视频

实验 3.8　迈克耳孙干涉仪的应用

（4）将微调手轮沿某一方向（如顺时针方向）旋转，可看到条纹的"涌出"或"陷入"，判别 M_1 和 M_2 之间的距离 d 是变大还是变小，观察条纹粗细、疏密与 d 的关系。

（5）慢慢转动微调手轮，可以清晰地看到圆环一个一个地"涌出"或"陷入"。待操作熟练后，开始测量。将微调手轮沿某一方向（如顺时针方向）旋几圈，观察读数窗刻度轮旋转方向；保持刻度轮旋向不变，转动粗调手轮，让读数窗口基准线对准某一刻度，使读数窗中的刻度轮与微调手轮的刻度轮相互配合。继续沿同一方向缓慢转动微动手轮，记录每 30 个干涉环"涌出"或"陷入"时，M_1 的位置 d_i，连续测量 20 个 d_i 值，将数据记入表格中。

（6）用逐差法求出 Δd，由式（3-19）计算出激光的波长，并与标准值比较计算相对误差。

【注意事项】

（1）迈克耳孙干涉仪是精密光学仪器，使用时不能触摸光学元件光学表面。

（2）不要用眼睛直接观看激光。

（3）转动微调手轮测量时，应只向一个方向旋转，防止空程差产生。

【思考题】

1. 为什么在迈克耳孙干涉仪的调节过程中，会出现从直条纹到弧形再到同心圆条纹的变化？调节迈克耳孙干涉仪时看到的亮点为什么是两排而不是两个？两排亮点是怎样形成的？

2. 如何确定两光束等光程时 M_1 的位置？

实验 3.9　核 磁 共 振

核磁共振，是指具有磁矩的原子核在恒定磁场中由电磁波引起的共振跃迁现象。1945年12月，美国哈佛大学的珀塞尔等人，报道了他们在石蜡样品中观察到质子的核磁共振吸收信号；1946年1月，美国斯坦福大学布洛赫等人，也报道了他们在水样品中观察到质子的核感应信号。两个研究小组用了稍微不同的方法，几乎同时在凝聚物质中发现了核磁共振。因此，布洛赫和珀塞尔荣获了1952年的诺贝尔物理学奖。

后来，许多物理学家进入了这个领域，取得了丰硕的成果。目前，核磁共振已经广泛地应用到许多科学领域，是物理、化学、生物和医学研究中的一项重要实验技术。它是测定原子核的核磁矩和研究核结构的直接而又准确的方法，也是精确测量磁场的重要方法之一。

【重点难点】

（1）对核磁共振原理的理解。

（2）核磁共振信号的调节。

【实验目的】

（1）了解核磁共振的基本理论。

（2）学习核磁共振的技术方法。

【实验仪器】

核磁共振实验仪（边限振荡器、磁场扫描电源、磁铁）、频率计、示波器。实验装置图如图3-24所示。

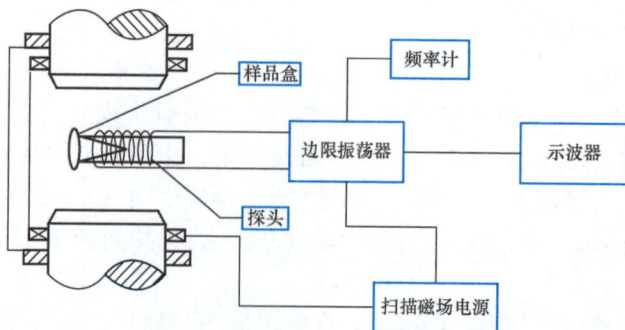

图 3-24　核磁共振实验装置示意图

1. 磁铁

磁铁的作用是产生稳恒磁场 B_0，它是核磁共振实验装置的核心，要求磁铁能够产生尽量强的、非常稳定、非常均匀的磁场。首先，强磁场有利于更好地观察核磁共振信号；其次，磁场空间分布均匀性和稳定性越好，则核磁共振实验仪的分辨率越高。核磁共振实验装置中的磁铁有三类：永久磁铁、电磁铁和超导磁铁。永久磁铁的优点是，不需要磁铁电源和冷却装置，运行费用低，而且稳定度高。电磁铁的优点是通过改变励磁电流可以在较大范围内改变磁场的大小。为了产生所需要的磁场，电磁铁需要很稳定的大功率直流电源和冷却系统，另外还要保持电磁铁温度恒定。超导磁铁最大的优点是能够产生高达十几 T 的强磁场，对大幅度提高核磁共振谱仪的灵敏度和分辨率极为有益，同时磁场的均匀性和稳定性也很好，是现代谱仪较理想的磁铁，但仪器使用液氮或液氦给实验带来了不便。本仪器采用永磁铁，磁场均匀度高于 5×10^{-6}。

2. 边限振荡器

边限振荡器具有与一般振荡器不同的输出特性，其输出幅度随外界吸收能量的轻微增加而明显下降，当吸收能量大于某一阈值时即停振，因此通常被调整在振荡和不振荡的边缘状态，故称为边限振荡器。

如图 3-24 所示，样品放在边限振荡器的振荡线圈中，振荡线圈放在固定磁场 B_0 中，由于边限振荡器处于振荡与不振荡的边缘，当样品吸收的能量不同（即线圈的 Q 值发生变化）时，振荡器的振幅将有较大的变化。当发生共振时，样品吸收增强，振荡变弱，经过二极管的倍压检波，就可以把反映振荡器振幅大小变化的共振吸收信号检测出来，进而用示波器显示。由于采用边限振荡器，射频场 B_1 很弱，饱和的影响很小。但如果电路调节得不好，偏离边线振荡器状态很远，一方面射频场 B_1 很强，出现饱和效应；另一方面，样品中少量的能量吸收对振幅的影响很小，这时就有可能观察不到共振吸收信号。这种把发射线圈兼做接收线圈的探测方法称为单线圈法。

3. 扫场单元

观察核磁共振信号最好的手段是使用示波器，但是示波器只能观察交变信号，所以必须想办法使核磁共振信号交替出现。有两种方法可以达到这一目的。一种是扫频法，即让磁场 B_0 固定，使射频场 B_1 的频率 ω 连续变化，通过共振区域。当 $\omega = \omega_0 = \gamma B_0$ 时出现共振峰。另一种是扫场法，即把射频场 B_1 的频率 ω 固定，而让磁场 B_0 连续变化，通过共振区域。这两种方法是完全等效的，显示的都是共振吸收信号 ν 与频率差 $(\omega - \omega_0)$ 之间的关系曲线。

由于扫场法简单易行，确定共振频率比较准确，现在通常采用人调制场技术：在稳恒磁场 B_0 上叠加一个低频调制磁场 $B_m \sin \omega' t$，这个低频调制磁场就是由扫场单元（实际上是一对亥姆霍兹线圈）产生的。此时样品所在区域的实际磁场为 $B_0 + B_m \sin \omega' t$。由于调制场的幅度 B_m 很小，总磁场的方向保持不变，只是磁场的幅值按调制频率发生周期性变化（其最大值为 $B_0 + B_m$，最小值 $B_0 - B_m$），相应地拉莫尔进动频率 ω_0 也发生周期性变化，即

$$\omega_0 = \gamma(B_0 + B_m \sin \omega' t)$$

这时只要射频场的角频率 ω 在 ω_0 变化范围之内，同时调制磁场扫过共振区域，即 $B_0 - B_m \leqslant B_0 \leqslant B_0 + B_m$，则共振条件在调制场的一个周期内被满足两次，所以在示波器上观察到如图

3 - 25（b）所示的共振吸收信号。此时若调节射频场的频率，则吸收曲线上的吸收峰将左右移动。当这些吸收峰间距相等时，如图 3 - 25（a）所示，则说明在这个频率下的共振磁场为 B_0。

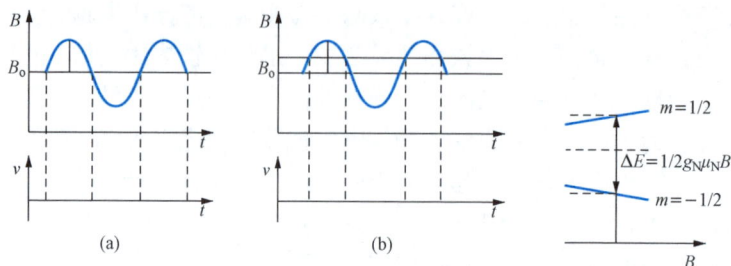

图 3 - 25　扫场法检测共振吸收信号

值得指出的是，如果扫场速度很快，也就是通过共振点的时间比弛豫时间小得多，这时共振吸收信号的形状会发生很大变化。在通过共振点之后，会出现衰减振荡。这个衰减的振荡称为"尾波"。这种尾波非常有用，因为磁场越均匀，尾波越大。所以应调节匀场线圈使尾波达到最大。

【实验原理】

以氢核为主要研究对象，以此来介绍核磁共振的基本原理和观测方法。氢核虽然是最简单的原子核，但同时也是目前在核磁共振应用中最常见和最有用的核。

3.9.1　核磁共振的量子力学描述

1. 单个核的磁共振

通常将原子核的总磁矩在其角动量 $\vec{P}$ 方向上的投影 $\vec{\mu}$ 称为核磁矩，它们之间的关系通常写成

$$\vec{\mu} = \gamma \vec{P} \quad 或 \quad \vec{\mu} = g_N \frac{e}{2m_p} \vec{P} \tag{3-20}$$

式中：γ 为旋磁比 $\gamma = g_N \dfrac{e}{2m_p}$；$e$ 为电子电荷；m_p 为质子质量；g_N 为朗德因子。对氢核来说，$g_N = 5.5851$。

按照量子力学，原子核角动量的大小由下式决定

$$P = \sqrt{I(I+1)}\,\vec{h} \tag{3-21}$$

式中：$\vec{h} = \dfrac{h}{2\pi}$（$h$ 为普朗克常数）；I 为核的自旋量子数，可以取 $I = 0$，$\dfrac{1}{2}$，1，$\dfrac{3}{2}$，…，对氢核来说，$I = \dfrac{1}{2}$。

把氢核放入外磁场 $\vec{B}$ 中，可以取坐标轴 z 方向为 $\vec{B}$ 的方向。核的角动量在 $\vec{B}$ 方向上的投影值由下式决定

$$P_B = m\vec{h} \tag{3-22}$$

式中：m 为磁量子数，可以取 $m = I$，$I-1$，…，$-(I-1)$，$-I$。核磁矩在 $\vec{B}$ 方向上的投影值为

$$\mu_B = g_N \frac{e}{2m_p} P_B = g_N \left(\frac{eh}{2m_p}\right) m$$

将它写为

$$\mu_B = g_N \mu_N m \tag{3-23}$$

其中，μ_N 为核磁子，是核磁矩的单位，$\mu_N = 5.050787 \times 10^{-27} \mathrm{JT^{-1}}$。

磁矩为 $\vec{\mu}$ 的原子核在恒定磁场 $\vec{B}$ 中具有的势能为

$$E = -\vec{\mu} \cdot \vec{B} = -\mu_B B = -g_N \mu_N m B$$

任何两个能级之间的能量差为

$$\Delta E = E_{m1} - E_{m2} = -g_N \mu_N B(m_1 - m_2) \tag{3-24}$$

考虑最简单的情况，对氢核而言，自旋量子数 $I = \frac{1}{2}$，所以磁量子数 m 只能取两个值，即 $m = \frac{1}{2}$ 和 $m = -\frac{1}{2}$。磁矩在外场方向上的投影也只能取两个值，如图 3-26（a）所示，与此相对应的能级如图 3-26（b）所示。

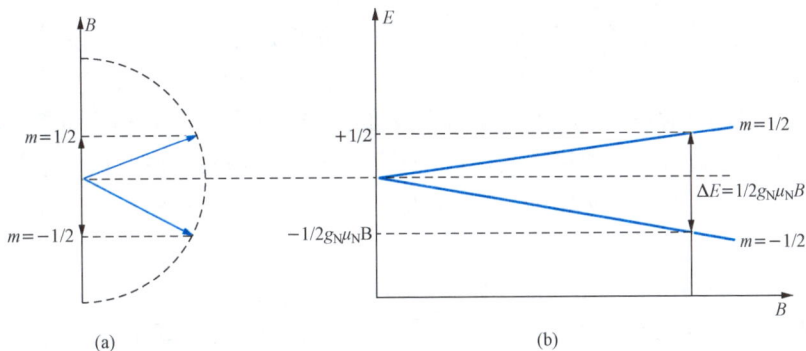

图 3-26　氢核能级在磁场中的分裂

根据量子力学中的选择定则，只有 $\Delta m = \pm 1$ 的两个能级之间才能发生跃迁，这两个跃迁能级之间的能量差为

$$\Delta E = g_N \mu_N B \tag{3-25}$$

由式（3-25）可知：相邻两个能级之间的能量差 ΔE 与外磁场 $\vec{B}$ 的大小成正比，磁场越强，则两个能级分裂也越大。

如果实验时外磁场为 $\vec{B_0}$，在该稳恒磁场区域又叠加一个电磁波作用于氢核，如果电磁波的能量 $h\nu_0$ 恰好等于这时氢核两能级的能量差 $g_N \mu_N B_0$，即

$$h\nu_0 = g_N \mu_N B_0 \tag{3-26}$$

则氢核就会吸收电磁波的能量，由 $m = \frac{1}{2}$ 的能级跃迁到 $m = -\frac{1}{2}$ 的能级，这就是核磁共振吸收现象。式（3-26）就是核磁共振条件。为了应用上的方便，常写成

$$\nu_0 = \left(\frac{g_N \mu_N}{h}\right) B_0, \text{即 } \omega_0 = \gamma B_0 \tag{3-27}$$

2. 核磁共振信号的强度

上面讨论的是单个的核放在外磁场中的核磁共振理论。但实验中所用的样品是大量同类

核的集合。如果处于高能级上的核数目与处于低能级上的核数目没有差别，则在电磁波的激发下，上下能级上的核都要发生跃迁，并且跃迁几率是相等的，吸收能量等于辐射能量，我们观察不到任何核磁共振信号。只有当低能级上的原子核数目大于高能级上的核数目，吸收能量比辐射能量多，才能观察到核磁共振信号。在热平衡状态下，核数目在两个能级上的相对分布由玻尔兹曼因子决定，即

$$\frac{N_1}{N_2} = \exp\left(-\frac{\Delta E}{kT}\right) = \exp\left(-\frac{g_N \mu_N B_0}{kT}\right) \tag{3-28}$$

式中：N_1 为低能级上的核数目；N_2 为高能级上的核数目；ΔE 为上下能级间的能量差；k 为玻尔兹曼常数；T 为绝对温度。当 $g_N \mu_N B_0 \ll kT$ 时，上式可以近似写成

$$\frac{N_1}{N_2} = 1 - \frac{g_N \mu_N B_0}{kT} \tag{3-29}$$

上式说明，低能级上的核数目比高能级上的核数目略微多一点。对氢核来说，如果实验温度 $T=300\text{K}$，外磁场 $B_0=1\text{T}$，则

$$\frac{N_2}{N_1} = 1 - 6.75 \times 10^{-6}, \text{或} \frac{N_1 - N_2}{N_1} \approx 7 \times 10^{-6}$$

这说明，在室温下，每百万个低能级上的核比高能级上的核大约只多出 7 个。这就是说，在低能级上参与核磁共振吸收的每一百万个核中只有 7 个核的核磁共振吸收未被共振辐射所抵消。所以核磁共振信号非常微弱，检测如此微弱的信号，需要高质量的接收器。

由式（3-9）可以看出，温度越高，粒子差数越小，对观察核磁共振信号越不利。外磁场 B_0 越强，粒子差数越大，越有利于观察核磁共振信号。一般核磁共振实验要求磁场强一些，其原因就在这里。

另外，要想观察到核磁共振信号，仅仅磁场强一些还不够，磁场在样品范围内还应高度均匀，否则磁场再强也观察不到核磁共振信号。原因之一是，核磁共振信号由式（3-26）决定，如果磁场不均匀，则样品内各部分的共振频率不同。对某个频率的电磁波，将只有少数核参与共振，结果信号被噪声所淹没，难以观察到核磁共振信号。

3.9.2　核磁共振的经典力学描述

以下从经典理论观点来讨论核磁共振问题。把经典理论核矢量模型用于微观粒子是不严格的，但是它对某些问题可以做一定的解释。数值上不一定正确，但可以给出一个清晰的物理图像，帮助我们了解问题的实质。

1. 单个核的拉莫尔进动

如果陀螺不旋转，当它的轴线偏离竖直方向时，在重力作用下，它就会倒下。但是如果陀螺本身做自转运动，它就不会倒下而绕着重力方向做进动，如图 3-27 所示。

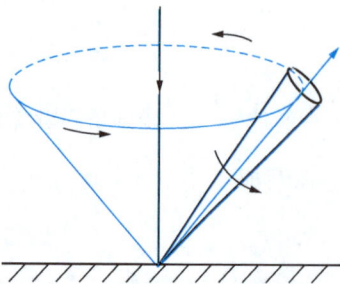

由于原子核具有自旋和磁矩，所以它在外磁场中的行为同陀螺在重力场中的行为是完全一样的。设核的角动量为 $\vec{P}$，磁矩为 $\vec{\mu}$，外磁场为 $\vec{B}$，由经典理论可知

$$\frac{\mathrm{d}\vec{P}}{\mathrm{d}t} = \vec{\mu} \times \vec{B} \tag{3-30}$$

图 3-27　陀螺的进动

由于，$\vec{\mu} = \gamma\vec{P}$，所以有

$$\frac{\mathrm{d}\vec{\mu}}{\mathrm{d}t} = \lambda \vec{\mu} \times \vec{B} \qquad (3\text{-}31)$$

写成分量的形式则为

$$\begin{cases} \dfrac{\mathrm{d}\mu_x}{\mathrm{d}t} = \gamma(\mu_y B_z - \mu_z B_y) \\[2mm] \dfrac{\mathrm{d}\mu_y}{\mathrm{d}t} = \gamma(\mu_z B_x - \mu_x B_z) \\[2mm] \dfrac{\mathrm{d}\mu_z}{\mathrm{d}t} = \gamma(\mu_x B_y - \mu_y B_x) \end{cases} \qquad (3\text{-}32)$$

若设稳恒磁场为 $\vec{B}_0$，且 z 轴沿 $\vec{B}_0$ 方向，即 $B_x = B_y = 0$，$B_z = B_0$，则上式将变为

$$\begin{cases} \dfrac{\mathrm{d}\mu_x}{\mathrm{d}t} = \gamma \mu_y B_0 \\[2mm] \dfrac{\mathrm{d}\mu_y}{\mathrm{d}t} = -\gamma \mu_x B_0 \\[2mm] \dfrac{\mathrm{d}\mu_z}{\mathrm{d}t} = 0 \end{cases} \qquad (3\text{-}33)$$

由此可见，磁矩分量 μ_z 是一个常数，即磁矩 $\vec{\mu}$ 在 $\vec{B}_0$ 方向上的投影将保持不变。将式 (3-33) 的第一式对 t 求导，并把第二式代入，$\dfrac{\mathrm{d}^2\mu_x}{\mathrm{d}t^2} = \gamma B_0 \dfrac{\mathrm{d}\mu_y}{\mathrm{d}t} = -\gamma^2 B_0^2 \mu_x$

$$\frac{\mathrm{d}^2\mu_x}{\mathrm{d}t^2} + \gamma^2 B_0^2 \mu_x = 0 \qquad (3\text{-}34)$$

这是一个简谐运动方程，其解为 $\mu_x = A\cos(\gamma B_0 t + \varphi)$，由式 (3-33) 第一式得到

$$\mu_y = \frac{1}{\gamma B_0}\frac{\mathrm{d}\mu_x}{\mathrm{d}t} = -\frac{1}{\gamma B_0}\gamma B_0 A\sin(\gamma B_0 t + \varphi) = -A\sin(\gamma B_0 t + \varphi)$$

以 $\omega_0 = \gamma B_0$ 代入，有

$$\begin{cases} \mu_x = A\cos(\omega_0 t + \varphi) \\ \mu_y = -A\sin(\omega_0 t + \varphi) \\ \mu_L = \sqrt{(\mu_x + \mu_y)^2} = A = \text{常数} \end{cases} \qquad (3\text{-}35)$$

由此可知，核磁矩 $\vec{\mu}$ 在稳恒磁场中的运动特点有：

(1) 它围绕外磁场 $\vec{B}_0$ 做进动，进动的角频率为 $\omega_0 = \gamma B_0$，和 $\vec{\mu}$ 与 $\vec{B}_0$ 之间的夹角 θ 无关。

(2) 它在 xy 平面上的投影 μ_L 是常数。

(3) 它在外磁场 $\vec{B}_0$ 方向上的投影 μ_z 为常数，其运动图像如图 3-28 所示。

现在来研究如果在与 $\vec{B}$ 垂直的方向上加一个旋转磁场 $\vec{B}_1$，且 $B_1 \ll B_0$，会出现什么情况？如果这时再在垂直于 $\vec{B}_0$ 的平面内加上一个弱的旋转磁场 $\vec{B}_1$，$\vec{B}_1$ 的角频率和转动方向与磁矩 $\vec{\mu}$ 的进动角频率和进动方向都相同，如图 3-29 所示。这时，和核磁矩 $\vec{\mu}$ 除了受到 $\vec{B}_0$ 的作用

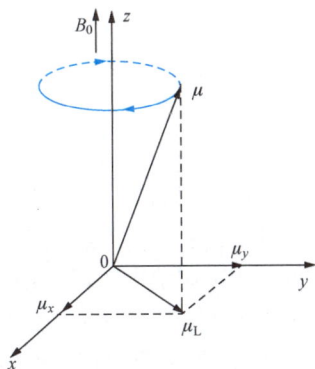

图 3-28 磁矩在外磁场中的进动

之外，还要受到旋转磁场 $\vec{B_1}$ 的影响。即 $\vec{\mu}$ 除了要围绕 $\vec{B_0}$ 进动之外，还要绕 $\vec{B_1}$ 进动。

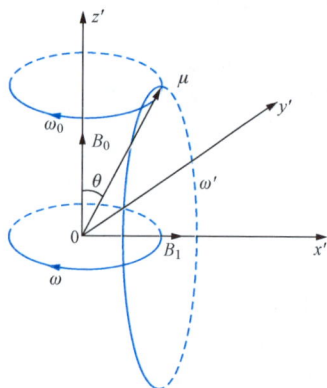

图 3 - 29　转动坐标系中的磁矩

所以 μ 与 $\vec{B_0}$ 之间的夹角 θ 将发生变化。由核磁矩的势能

$$E = - \vec{\mu} \cdot \vec{B} = -\mu B_0 \cos\theta \qquad (3 - 36)$$

可知，θ 的变化意味着核的能量状态变化。当 θ 值增加时，核要从旋转磁场 $\vec{B_1}$ 中吸收能量，这就是核磁共振。产生共振的条件为

$$\omega = \omega_0 = \gamma B_0 \qquad (3 - 37)$$

这一结论与量子力学得出的结论完全一致。

　　如果旋转磁场 $\vec{B_1}$ 的转动角频率 ω 与核磁矩 μ 的进动角频率 ω_0 不相等，即 $\omega \neq \omega_0$，则角度 θ 的变化不显著。平均说来，θ 角的变化为零。原子核没有吸收磁场的能量，因此就观察不到核磁共振信号。

2. 布洛赫方程

　　上面讨论的是单个核的核磁共振。但我们在实验中研究的样品不是单个核磁矩，而是由这些磁矩构成的磁化强度矢量 $\vec{M}$；另外，我们研究的系统并不是孤立的，而是与周围物质有一定的相互作用。只有全面考虑了这些问题，才能建立起核磁共振理论。

　　因为磁化强度矢量 $\vec{M}$ 是单位体积内核磁矩 $\vec{\mu}$ 的矢量和，所以有

$$\frac{\mathrm{d}\vec{M}}{\mathrm{d}t} = \gamma (\vec{M} \times \vec{B}) \qquad (3 - 38)$$

　　它表明磁化强度矢量 $\vec{M}$ 围绕着外磁场 $\vec{B_0}$ 做进动，进动的角频率 $\omega = \gamma B$；现在假定外磁场 $\vec{B_0}$ 沿着 z 轴方向，再沿着 x 轴方向加上一射频场

$$\vec{B_1} = 2B_1 \cos(\omega \cdot t) \vec{e_x} \qquad (3 - 39)$$

式中：$\vec{e_x}$ 为 x 轴上的单位矢量；$2B_1$ 为振幅。这个线偏振场可以看作是左旋圆偏振场和右旋圆偏振场的叠加，如图 3 - 30 所示。在这两个圆偏振场中，只有当圆偏振场的旋转方向与进动方向相同时才起作用。所以对于 γ 为正的系统，起作用的是顺时针方向的圆偏振场，即

$$M_z = M_0 = \chi_0 H_0 = \chi_0 B_0 / \mu_0$$

式中：χ_0 是静磁化率；μ_0 为真空中的磁导率；M_0 为自旋系统与晶格达到热平衡时自旋系统的磁化强度。

　　原子核系统吸收了射频场能量之后，处于高能态的粒子数目增多，也使 $M_z < M_0$，偏离了热平衡状态。由于自旋与晶格的相互作用，晶格将吸收核的能量，使原子核跃迁到低能态而向热平衡过渡。表示这个过渡的特征时间称为纵向弛豫时间，用 T_1 表示（它反映了沿外磁场方向上磁化强度矢量 M_z 恢复到平衡值 M_0 所需时间的大小）。考虑了纵向弛豫作用后，假定 M_z 向平衡值 M_0 过渡的速度与 M_z 偏离 M_0 的程度（$M_0 - M_z$）成正比，即有

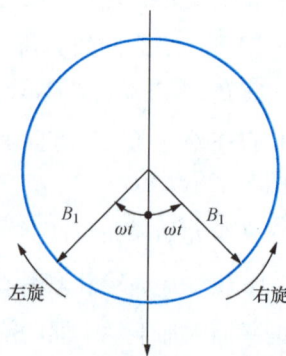

图 3 - 30　线偏振磁场分解为圆偏振磁场

$$\frac{\mathrm{d}M_z}{\mathrm{d}t} = -\frac{M_z - M_0}{T_1} \tag{3-40}$$

此外，自旋与自旋之间也存在相互作用，M 的横向分量也要由非平衡态时的 M_x 和 M_y 向平衡态时的值 $M_x = M_y = 0$ 过渡，表征这个过程的特征时间为横向弛豫时间，用 T_2 表示。与 M_z 类似，可以假定

$$\begin{cases} \dfrac{\mathrm{d}M_x}{\mathrm{d}t} = \dfrac{M_x}{T_2} \\[2mm] \dfrac{\mathrm{d}M_y}{\mathrm{d}t} = -\dfrac{M_y}{T_2} \end{cases} \tag{3-41}$$

前面分别分析了外磁场和弛豫过程对核磁化强度矢量 $\vec{M}$ 的作用。当上述两种作用同时存在时，描述核磁共振现象的基本运动方程为

$$\frac{\mathrm{d}\vec{M}}{\mathrm{d}t} = \gamma(\vec{M} \times \vec{B}) - \frac{1}{T_2}(M_x \vec{i} + M_y \vec{j}) - \frac{M_z - M_0}{T_1}\vec{k} \tag{3-42}$$

式中：$\vec{i}$，$\vec{j}$，$\vec{k}$ 分别为 x，y，z 方向上的单位矢量。该方程称为布洛赫方程。

值得注意的是，式中 $\vec{B}$ 是外磁场 $\vec{B}$ 与线偏振场 $\vec{B_1}$ 的叠加。其中，$\vec{B_0} = B_0 \vec{k}$，$\vec{B_1} = B_1\cos(\omega \cdot t)\vec{i} - B_1\sin(\omega t)\vec{j}$，$\vec{M} \times \vec{B}$ 的三个分量是

$$\begin{cases} (M_y B_0 + M_z B_1 \sin\omega t)\vec{i} \\[2mm] (M_z B_1 \cos\omega \cdot t - M_x B_0)\vec{j} \\[2mm] (-M_x B_1 \sin\omega \cdot t - M_y B_1 \cos\omega \cdot t)\vec{k} \end{cases} \tag{3-43}$$

这样，布洛赫方程写成分量形式，即为

$$\begin{cases} \dfrac{\mathrm{d}M_x}{\mathrm{d}t} = \gamma(M_y B_0 + M_z B_1 \sin\omega t) - \dfrac{M_x}{T_2} \\[3mm] \dfrac{\mathrm{d}M_y}{\mathrm{d}t} = \gamma(M_z B_1 \cos\omega t - M_x B_0) - \dfrac{M_y}{T_2} \\[3mm] \dfrac{\mathrm{d}M_z}{\mathrm{d}t} = -\gamma(M_x B_1 \sin\omega t + M_y B_1 \cos\omega t) - \dfrac{M_z - M_0}{T_1} \end{cases} \tag{3-44}$$

在各种条件下来解布洛赫方程，可以解释各种核磁共振现象。一般来说，布洛赫方程中含有 $\cos\omega t$，$\sin\omega t$ 这些高频振荡项，解起来很麻烦。如果我们能对它进行坐标变换，把它变换到旋转坐标系中去，解起来就容易得多。

如图 3-31 所示，取新坐标系 $x'y'z'$，z' 与原来的实验室坐标系中的 z 重合，旋转磁场 $\vec{B_1}$ 与 x' 重合。显然，新坐标系是与旋转磁场以同一频率 ω 转动的旋转坐标系。图中 $\vec{M_\perp}$ 是 $\vec{M}$ 在垂至于恒定磁场方向上的分量，即 $\vec{M}$ 在 xy 平面内的分量，设 μ 和 ν 是 $\vec{M_\perp}$ 在 x' 和 y' 方向上的分量，则

$$\begin{cases} M_x = \mu\cos\omega t - \nu\sin\omega t \\[2mm] M_y = -\nu\cos\omega t - \mu\sin\omega t \end{cases}$$

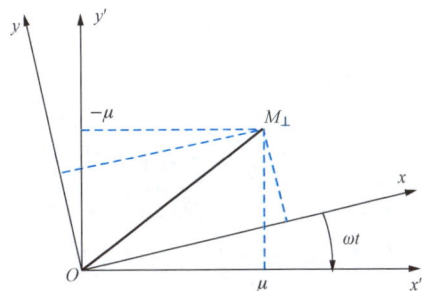

图 3-31　旋转坐标系

把它们代入式 (3-44) 即得

$$\begin{cases} \dfrac{\mathrm{d}\mu}{\mathrm{d}t} = -(\omega_0 - \omega)\nu - \dfrac{\mu}{T_2} \\[2mm] \dfrac{\mathrm{d}\nu}{\mathrm{d}t} = (\omega_0 - \omega)\mu - \dfrac{\nu}{T_2} - \gamma B_1 M_z \\[2mm] \dfrac{\mathrm{d}M_z}{\mathrm{d}t} = \dfrac{M_0 - M_z}{T_1} + \gamma B_1 \nu \end{cases} \tag{3-45}$$

其中，$\omega_0 = \gamma B_0$，上式表明 M_z 的变化是 ν 的函数而不是 μ 的函数。而 M_z 的变化表示核磁化强度矢量的能量变化，所以 ν 的变化反映了系统能量的变化。

从式 (3-45) 可以看出，它们已经不包括 $\cos\omega t$、$\sin\omega t$ 等高频振荡项了，但要严格求解仍是相当困难的，通常是根据实验条件来进行简化。如果磁场或频率的变化十分缓慢，则可以认为 μ，ν，M_z 都不随时间发生变化，即 $\dfrac{\mathrm{d}\mu}{\mathrm{d}t}=0$，$\dfrac{\mathrm{d}\nu}{\mathrm{d}t}=0$，$\dfrac{\mathrm{d}M_z}{\mathrm{d}t}=0$，系统达到稳定状态，此时上式的解称为稳态解，即

$$\begin{cases} \mu = \dfrac{\gamma B_1 T_2^2 (\omega_0 - \omega) M_0}{1 + T_2^2 (\omega_0 - \omega)^2 + \gamma^2 B_1^2 T_1 T_2} \\[3mm] \nu = \dfrac{\gamma B_1 M_0 T_2}{1 + T_2^2 (\omega_0 - \omega)^2 + \gamma^2 B_1^2 T_1 T_2} \\[3mm] M_z = \dfrac{[1 + T_2^2 (\omega_0 - \omega)] M_0}{1 + T_2^2 (\omega_0 - \omega)^2 + \gamma^2 B_1^2 T_1 T_2} \end{cases} \tag{3-46}$$

根据式 (3-46) 中前两式可以画出 μ 和 ν 随 ω 而变化的函数关系曲线。根据曲线知道，当外加旋转磁场 $\vec{B_1}$ 的角频率 ω 等于 $\vec{M}$ 在磁场 $\vec{B_0}$ 中的进动角频率 ω_0 时，吸收信号最强，即出现共振吸收现象。

3. 结果分析

由上面得到的布洛赫方程的稳态解可以看出，稳态共振吸收信号有几个重要特点：

当 $\omega = \omega_0$ 时，ν 值为极大，可以表示为 $\nu_{极大} = \dfrac{\gamma B_1 T_2 M_0}{1 + \gamma^2 B_1^2 T_1 T_2}$，可见，$B_1 = \dfrac{1}{\gamma (T_1 T_2)^{1/2}}$ 时，ν 达到最大值 $\nu_{\max} = \dfrac{1}{2}\sqrt{\dfrac{T_2}{T_1}} M_0$，由此表明，吸收信号的最大值并不是要求 B_1 无限弱，而是要求它有一定的大小。

共振时 $\Delta\omega = \omega_0 - \omega = 0$，则吸收信号的表示式中包含有 $S = \dfrac{1}{1 + \gamma B_1^2 T_1 T_2}$ 项，即 B_1 增加时，S 值减小，这意味着自旋系统吸收的能量减少，相当于高能级部分地被饱和，所以人们称 S 为饱和因子。

实际的核磁共振吸收不是只发生在由式 (3-26) 所决定的单一频率上，而是发生在一定的频率范围内，即谱线有一定的宽度。通常把吸收曲线半高度的宽度所对应的频率间隔称为共振线宽。由于弛豫过程造成的线宽称为本征线宽，外磁场 $\vec{B_0}$ 不均匀也会使吸收谱线加宽。由式 (3-46) 可以看出，吸收曲线半宽度为

$$\omega_0 - \omega = \dfrac{1}{T_2 (1 - \gamma^2 B_1^2 T_1 T_2^{1/2})} \tag{3-47}$$

可见，线宽主要由 T_2 值决定，所以横向弛豫时间是线宽的主要参数。

【实验内容及操作】

1. 熟悉各仪器的性能并用相关线连接

实验中，FD‐CNMR‐I型核磁共振仪主要应用五部分：磁铁、磁场扫描电源、边限振荡器（其上装有探头，探头内装样品）、频率计和示波器。核磁共振仪器连线图如图3‐32所示。

（1）首先将探头旋进边限振荡器后面板指定位置，并将测量样品插入探头内。

（2）将磁场扫描电源上"扫描输出"的两个输出端接磁铁面板中的一组接线柱（磁铁面板上共有四组，是等同的，实验中可以任选一组），并将磁场扫描电源机箱后面板上的接头与边限振荡器后面板上的接头用相关线连接。

（3）将边限振荡器的"共振信号输出"用Q9线接示波器"CH1通道"或者"CH2通道"，"频率输出"用Q9线接频率计的A通道（频率计的通道选择：A通道，即1Hz～100MHz；FUNCTION选择：FA；GATE TIME选择：1s）。

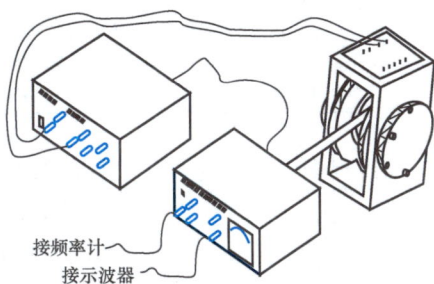

接频率计

接示波器

图3‐32　核磁共振仪器连线图

（4）移动边限振荡器将探头连同样品放入磁场中，并调节边限振荡器机箱底部四个调节螺丝，使探头放置的位置保证使内部线圈产生的射频磁场方向与稳恒磁场方向垂直。

（5）打开磁场扫描电源、边线振荡器、频率计和示波器的电源，准备后面的仪器调试。

2. 核磁共振信号的调节

FD‐CNMR‐I型核磁共振仪配备了五种样品：1号—硫酸铜、2号—三氯化铁、3号—氟碳、4号—丙三醇、5号—纯水。实验中，因为硫酸铜的共振信号比较明显，所以开始时应该用1号样品，熟悉了实验操作之后，再选用其他样品调节。

（1）将磁场扫描电源的"扫描输出"旋钮顺时针调节至接近最大（旋至最大后，再往回旋半圈，因为最大时电位器电阻为零，输出短路，因而对仪器有一定的损伤），这样可以加大捕捉信号的范围。

（2）调节边限振荡器的频率"粗调"电位器，将频率调节至磁铁标志的H共振频率附近，然后旋动频率调节"细调"旋钮，在此附近捕捉信号，当满足共振条件 $\omega = \gamma \cdot B_0$ 时，可以观察到如图3‐33所示的共振信号。调节旋钮时要尽量慢，因为共振范围非常小，很容易跳过。

注：因为磁铁的磁感应强度随温度的变化而变化（成反比关系），所以应在标志频率附近±1MHz的范围内进行信号的捕捉！

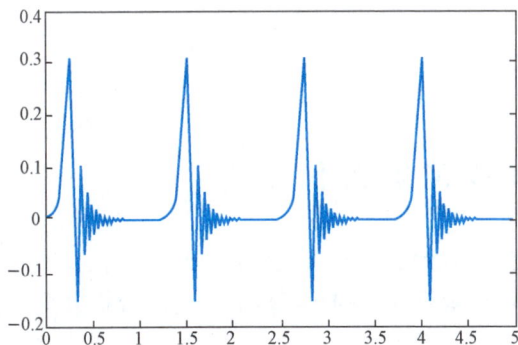

图3‐33　示波器观察核磁共振信号

（3）调出大致共振信号后，降低扫描幅度，调节频率"微调"至信号等宽，同时调节样品在磁铁中的空间位置以得到微波最多的共振信号（样品的最佳射频幅度范围见表3‐3）。

表 3 - 3　　　　　　　　　　部分样品的弛豫时间及最佳射频幅度范围

样品	弛豫时间 T_1	最佳射频幅度范围
1 号硫酸铜	约 0.1ms	3～4V
2 号三氯化铁	约 0.1ms	3～4V
3 号氟碳	约 0.1s	0.5～3V
4 号丙三醇	约 25ms	0.5～2V
5 号纯水	约 2ms	0.1～1V

（4）观察样品 1 的共振信号，测出 H 核的共振频率 ν。

（5）利用样品 5，测出 H 核的共振频率。

（6）利用样品 3，测出氟核的共振频率。〔测量氟碳样品时，将测得的氢核的共振频率/42.577×40.055，即得到氟的共振频率（例如：测量得到氢核的共振频率为 20.000MHz，则氟的共振频率为 20.000/42.577×40.055MHz＝18.851MHz）。将氟碳样品放入探头中，将频率调节至计算得到的氟的共振频率值附近，并仔细调节得到共振信号。由于氟的共振信号比较小，故此时应适当降低扫描幅度（一般不大于 3V），这是因为样品的弛豫时间过长导致饱和现象而引起信号变小。射频幅度随样品而异。下表列举了部分样品的最佳射频幅度，在初次调试时应注意，否则信号太小不容易观测〕

3. 李萨如图形的观测

接线图如图 3 - 32 所示：在共振信号调节的基础上，将磁场扫描电源前面板上的"X 轴输出"经 Q9 叉片连接线接至示波器的 CH1 通道，将边限振荡器前面板上"共振信号输出"用 Q9 线接至示波器的 CH2 通道，按下示波器上的"X - Y"按钮，观测李萨如图形，调节磁场扫描电源上的"X 轴幅度"及"X 轴相位"旋钮，可以观察到信号有一定的变化。

【数据处理】

（1）利用样品 1 的共振频率 ν，求磁场强度 B_0 的大小。

（2）利用样品 5 的共振频率 ν，求氢核的旋磁比 γ 和朗德因子 g。

（3）利用样品 3 的共振频率 ν，求氟核的旋磁比 γ 和朗德因子 g。

【注意事项】

样品要放置在永磁铁的磁场最强处。

实验 3.10　小型棱镜射谱仪

不同元素的原子结构是不相同的，因而受激发后所辐射的光波具有不同的波长，即有不同的发射光谱。通过对发射光谱的测量和分析，可确定物质的元素成分，这种分析方法称为光谱分析。通过光谱分析，不仅可以定性地分析物质的组成，还可以定量地确定待测物质所含各种元素的多少。一般常用摄谱仪对发射光谱进行分析。

【重点难点】

汞光谱定标及测量钠光谱。

【实验目的】

（1）了解摄谱仪的结构、原理和使用方法，学习小型摄谱仪的定标方法。

（2）进一步认识原子辐射的微观机理，观察物质的发射光谱。

（3）学习物理量的比较测量方法，测定钠原子光谱线的波长，并计算钠原子几个激发态谱项能级的能量。

【实验仪器】

小型摄谱仪、汞灯、钠灯及电源。

【实验原理】

任何一种原子受到激发后，将由稳定的基态跃迁到不稳定的激发态，当原子由高能级跃迁到低能级时，将辐射出一定能量的光子。同一种原子所辐射的不同波长的光，经色散后按一定程序排列而成的图谱，称为发射光谱。由于不同原子其能级的结构不同，所以各种原子都有其自己的特征谱线。

当电子从主量子数为 n 的能级 E_n 跃迁到主量子数为 m 的能级 E_m 时，其发射光谱的波数 $\widetilde{\nu}$ 为

$$\widetilde{\nu} = \frac{1}{\lambda} = \frac{1}{hc}(E_m - E_n) = R\left(\frac{1}{m^2} - \frac{1}{n^2}\right) = \widetilde{E}_m - \widetilde{E}_n \qquad (3-48)$$

式中：$\widetilde{\nu} = \frac{1}{\lambda}$ 为波数；λ 为光子的波长；h 为普朗克常数；c 为光速；m、n 为正整数，且有 n 大于 m，称为主量子数；R 为里德堡常数；$\widetilde{E}_m$、$\widetilde{E}_n$ 为光谱项。

1. 氢原子光谱

氢是最简单的原子，它的能级结构与发射光谱见图 3-34。波数可与主量子数联系起来，即

$$\widetilde{\nu} = \frac{1}{\lambda} = R_H\left(\frac{1}{m^2} - \frac{1}{n^2}\right) \qquad (3-49)$$

当在可见光波区，$m=2$，$n=3$，4，5，…，称为巴尔末系。式中 $R_H = \frac{2\pi^2 e^4}{ch^3}\mu$，是氢原子的里德伯常量，$\mu = m \cdot \dfrac{1}{1+\dfrac{m}{M}}$，是氢原子的折合质量，$M$、$m$ 分别是氢核和外围电子的质量。R_H 的物理意义是游离的电子（$n=\infty$）回到基态（$n=1$）所发出的光波波数，它的实验公认值为 $R_H=109677.58\text{cm}^{-1}$。

2. 钠原子光谱

对于比氢更为复杂的原子，其谱线波数不仅与主量子数 n 有关，还与角量子数 l，磁量子数 m 等其他量子数有关。因为主量子数仅仅只与某个电子轨道能量有

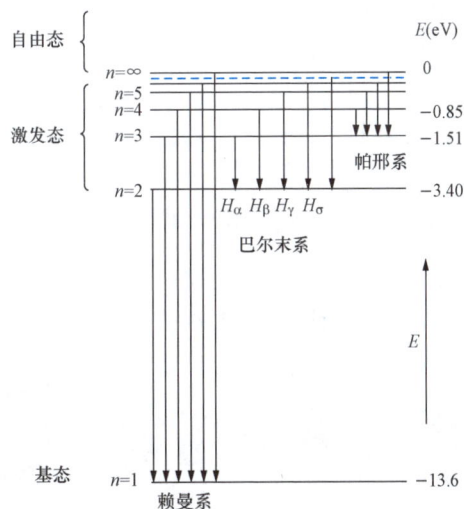

图 3-34　氢原子在不同量子级（n）时可能的能级状态

关，而在多电子原子中，还存在着不同轨道之间，不同电子自旋运动之间，以及轨道运动与自旋运动之间的相互作用。所以，原子光谱是原子整体运动状态的反映。一般我们用原子的自旋量子数 S、角量子数 l、总量子数 J 来表示原子的光谱项，用符号表示为 $^{2S+L}l_J$。

电子在不同能级之间跃迁，必须满足光谱选律：

（1）产生跃迁的两个能态的自旋相同，即 $\Delta S = 0$。

（2）两个能态的 L 相差为 1，即 $\Delta L = \pm 1$。

（3）两个能态的 J 相等或相差为 1，即 $\Delta J = 0$ 或 $\Delta J = \pm 1$。

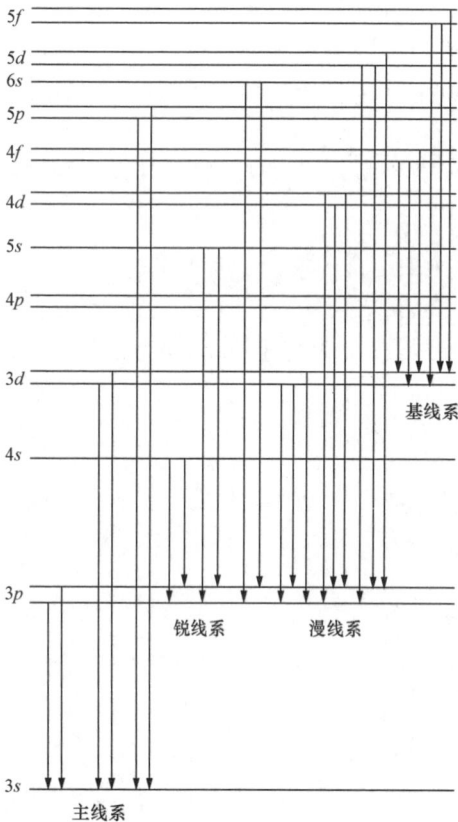

图 3 - 35 钠原子光谱

钠是碱金属，其原子核外有 11 个电子，其中 $1s^2 2s^2 2p^6$ 这 10 个电子形成稳定的满壳层结构，并与原子核共同组成了原子实；最外层的 1 个电子为价电子，处于原子实的中心势场中，其电子组态为 $3s^1$，它决定了钠原子的化学和光谱特性。钠原子光谱及其相应的能级结构如图 3 - 35 所示。它具有碱金属原子光谱和能级结构的典型特征，钠原子的光谱线主要由 4 个线系组成：主线系 $np \rightarrow 3s$，$n \geqslant 3$；第一谱线系（漫线系）$nd \rightarrow 3p$，$n \geqslant 3$；第二辅线系（锐线系）$ns \rightarrow 3p$，$n > 3$；柏格曼线系（基线系）$nf \rightarrow 3d$，$n > 3$。钠原子光谱系有精细结构，其中主线系和锐线系是双线结构，漫线系和基线系是复双线结构。

钠原子的光谱项为

$$\widetilde{E}_{nl} = R \frac{1}{n^{*2}} = \frac{R}{(n - \Delta l)^2} \quad (3 - 50)$$

式中：n^* 为有效量子数；Δl 为量子数亏损，它与主量子数 n 和角量子数 l（$l = 0$，1，2，3，一般分别用 s，p，d，f 来表示）都有关。理论和实验都证明，当 n 不大时，Δl 主要取决于 l，而随 n 变化不大，本实验中近似的认为 Δl 与 n 无关。

钠原子的光谱项的能量为

$$\widetilde{E}_{ns} = -R \frac{1}{(n - \Delta s)^2}, n \geqslant 3 \quad (3 - 51)$$

$$\widetilde{E}_{np} = -R \frac{1}{(n - \Delta p)^2}, n > 3 \quad (3 - 52)$$

$$\widetilde{E}_{nd} = -R \frac{1}{(n - \Delta d)^2}, n \geqslant 3 \quad (3 - 53)$$

$$\widetilde{E}_{nf} = -R \frac{1}{(n - \Delta f)^2}, n > 3 \quad (3 - 54)$$

则

$$\Delta s(\Delta p, \Delta d, \Delta f) = n - \left(\frac{R}{\widetilde{E}_{ns(np,nd,nf)}}\right)^{\frac{1}{2}} \tag{3-55}$$

式中：R 为里德堡常数，对于钠原子 $R = 109735\,\mathrm{cm}^{-1}$；$\Delta s$、$\Delta p$、$\Delta d$、$\Delta f$ 为主量子数 n 的亏损值，它是由于电子的钻穿效应所致。由于价电子电场的作用，原子实中带正电的原子核和带负电的电子的中心会发生微小的相对位移，于是负电子的中心不再在原子核上，形成一个电偶极子。极化产生的电偶极子的电场作用于价电子，使它受到吸引力而引起能量降低，降低了势能，此即轨道贯穿现象。原子能量的这两项也将受到原子实的附加引力，降低了势能，此即轨道贯穿现象。原子能量的这两项修正都与价电子的角动量状态有关。角量子数 L 越小，椭圆轨道的偏心率就越大，轨道贯穿和原子实极化越显著，原子能量也降低。因此，价电子越靠近原子实，即 n 越小、L 越小时，量子数亏损 Δ 越大（当 n 越小时，量子亏损主要取决于 L，实验中近似认为 Δ 与 n 无关）。

根据上面几式得到各线系的波数：

主线系为 $\widetilde{\nu} = \widetilde{E}_{np} - \widetilde{E}_3, n \geqslant 3$ \hfill (3-56)

锐线系为 $\widetilde{\nu} = \widetilde{E}_{ns} - \widetilde{E}_{3p}, n > 3$ \hfill (3-57)

漫线系为 $\widetilde{\nu} = \widetilde{E}_{nd} - \widetilde{E}_{3p}, n \geqslant 3$ \hfill (3-58)

基线系为 $\widetilde{\nu} = \widetilde{E}_{nf} - \widetilde{E}_{3d}, n > 3$ \hfill (3-59)

由式（3-57）、式（3-59）得

$$\widetilde{E}_{ns(nd)} = \widetilde{E}_{3p} + \frac{1}{\lambda_{ns(np)}} \tag{3-60}$$

其中：$\widetilde{E}_{3p} = -24492.7\,\mathrm{cm}^{-1}$。

3. 谱线波长的测量

本实验利用汞灯已知波长 λ 的光谱线做标准，利用读数装置直接测量出各谱线的相对位置 T，然后以 T 为横坐标，λ 为纵坐标，作 T-λ 定标曲线，即为摄谱仪进行定标校正。

对于待测光谱波长的光源，只要记下它各条谱线所对应的相对位置 T_x，对照定标校正曲线就可确定各谱线的波长 λ_x。

【实验内容及操作】

小型棱镜摄谱仪是以棱镜作为色散系统来观察或拍摄物质的发射光谱的仪器，主要由光源（钠灯、汞灯），入射狭缝，入射光管，棱镜台及其旋转机构，出射光管，看谱管，聚光镜，读谱装置等部分组成。其原理如图 3-36 所示，实际光路如图 3-37 所示。

其工作原理是：由光源发出的光，通过会聚透镜将光聚在入射狭缝上（是一个光斑）。进入狭缝的光经过平行光管内的准光物镜而成为平行光，棱镜对不同波长的光的折射率不同，所以经过棱镜折射后，不同波长的光将以不同的角度射出，即偏向角不同。

（1）安装好光源（汞灯）、聚光镜及看谱管后，先调整系统"等高共轴"。再调节聚光镜的位置，使在狭缝处成一个清晰的像。这时，可在看谱管目镜中看到汞的光谱线。

（2）将看谱管换成读谱装置，测量汞谱线的相对位置，填入表 3-4 中。

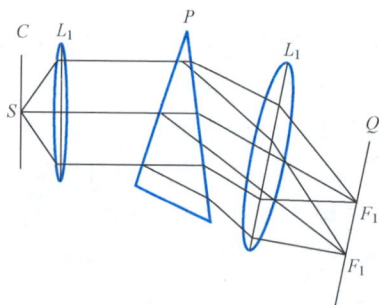

图 3-36 棱镜摄谱仪结构原理   图 3-37 棱镜摄谱仪实际光路图

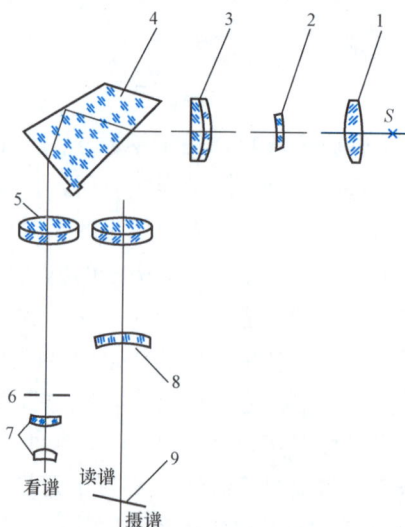

表 3-4 汞水谱的标准波长与相对位置

光源	颜色和波长（mm）							
汞	紫	紫	蓝	蓝绿	绿	黄	黄	红
	404.66	407.80	435.84	491.60	546.07	576.96	579.07	623.40
相对位置（mm）								

（3）去掉汞灯，用钠灯作光源，先调整系统"等高共轴"。再调节聚光镜的位置，使在狭缝处成一个清晰的像。这时，可在看谱管目镜中看到钠的光谱线。

（4）将看谱管换成读谱装置，测量钠的主线系、锐线系、漫线系波长在 285～617nm 范围内的 7 对谱线的相对位置（其中，主线系 3 对、锐线系 2 对、漫线系 2 对）。将测量数据填入自拟表格中。

【数据处理】

（1）利用表 3-4 的数据，做出汞光谱的 T-λ 定标曲线。

（2）测量钠光谱的主线系、锐线系、漫线系波长在 285～617nm 范围内的 7 对谱线的相对位置（其中，主线系 3 对、锐线系 2 对、漫线系 2 对）。将测量数据填入自拟表格中。

（3）根据 T-λ 定标曲线及钠谱的相对位置，求出钠谱的波长。

（4）由钠谱线的波长值，利用式（3-51）和式（3-53）计算谱项 $\widetilde{E}_{4d}$，$\widetilde{E}_{5d}$，$\widetilde{E}_{6d}$ 和 $\widetilde{E}_{6s}$，$\widetilde{E}_{7s}$ 的能量。

（5）钠光谱各谱线波长测定后，取双线平均值，换算成波数，再根据式（3-55）计算量子数亏损 Δs、Δp、Δd、Δf。

【注意事项】

（1）光谱仪中的狭缝是比较精密的机械装置，实验中学生不可自行调节，如有需要，必须由任课教师调节。旋转转角调节轮时，动作一定要缓慢。禁止用手触摸透镜等光学元件。

（2）使用读谱装置测量时，应该注意避免引入"空程差"。

【思考题】

1. 实验中如何区分主线系、锐线系和漫线系？对照钠原子能级图，讨论钠原子量子数 n、l、s 的作用。

2. 你知道有哪些测定光波波长的方法？你已做过哪些相关实验？试比较它们的特点。

实验 3.11　高温超导材料特性测量

在各种新材料特性研究中，其电特性的研究占有相当重要的地位，往往由此揭示新的物理规律和这些材料新的应用前景。追溯超导电现象的发现历史，就是在著名低温物理学家昂尼斯（K. Onnes，1853－1926）的指导下，实现了氦的液化，达到 4.2K 这个当时所能达到的最低温度后，探索在所达到的新的低温区内各种金属电阻的变化规律，当选用纯汞作实验时，发现随着温度的下降，汞的电阻先是平缓地减小，而在 4.2K 附近，电阻在很窄的温区内，突然降为零。他把这种显示零电阻特性的物质状态定为"超导态"，该现象称为"超导电性"。又如现在广泛应用的半导体，其基本特性的揭示是和电阻－温度关系的研究分不开的。而在低温测量中广泛应用的电阻温度计，完全是建立在对各种类型材料的电阻 - 温度关系研究的基础上的。

【重点难点】

理解零电阻现象和完全抗磁性。

【实验目的】

（1）掌握超导材料临界温度和临界电流的测试原理和方法。

（2）测量反映高温超导体基本特性。

（3）利用电磁测量的基本手段来研究高温超导体。

【实验仪器】

高 T_C 超导体电阻——温度特性测量仪，电子计算机。

【实验原理】

超导体的基本特性——零电阻现象和迈斯纳效应。

超导材料有两个不同于其他材料的最基本特性，即零电阻现象和完全抗磁性（也称迈斯纳效应）。

零电阻现象是指具有超导电性的材料，当温度下降时，其电阻随温度下降发生缓慢的变化（一种是金属性的材料，其电阻缓慢下降；一种是显示半导体性，其电阻缓慢升高），而当到达某一温度时，其电阻在很窄的温区内，从 R_n 急剧地变为零，超导体呈现零电阻现象。

为描述电阻陡降的突变过程，可以定义如下几个特征温度：起始转变温度 $T_\text{起始}$ 是指电阻随温度的变化偏离线性的温度；临界温度 T_C 是指电阻值下降到 $R_n/2$ 时所对应的温度，零电阻温度 $T_\mathrm{R}=0$ 为电阻刚降至零时对应的温度，而把电阻变化 $1/10 \sim 9/10$ 所对应的温度间隔定义为转变宽度 ΔT，如图 3 - 38 所示。

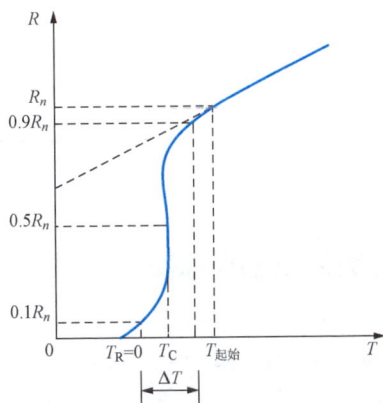

图 3 - 38　转变宽度 ΔT

超导体的另一个重要电磁特性是完全抗磁性，即所谓迈斯纳效应。不论超导体是先降温到超导态再加磁场，还是先加磁场后降温，只要温度低于零电阻温度，置于磁场下超导体内的磁感应强度 B 都恒等于零，磁场被排斥到超导体外面，该现象称为迈斯纳效应。该效应是超导体区别于理想导体的独有特性。由于磁感应强度 B 和磁场强度 H 有如下关系

$$B = \mu_0 \mu_r H = (1 + x_m) M \cdot H \tag{3-61}$$

式中：μ_0 为真空磁导率；μ_r 为介质的相对磁导率；x_m 为磁化率。当发生正常态到超导态的转变时，μ_r 由 1 变到零，或者说磁化率由近于零变到 -1，从而使超导体内部 $B=0$。如果把超导体材料作成线圈的芯子，则线圈自感 L 和介质的磁导率关系为

$$L = \mu_r \mu_0 n^2 V \tag{3-62}$$

式中：n 为线圈单位长度的匝数；V 为线圈的体积。可见当发生超导转变时，磁导率 μ_r 发生变化，线圈的电感量也变化。利用超导转变时线圈电感量变化来测量临界温度的方法，称为电感法。

1. 临界电流

当通过超导线的电流超过一定的数值后，超导态便被破坏，转变为正常态，该电流 I_c 称为超导体的临界电流。当电流超过一定值后，所以能引起超导态到正常态的转化，其根本原因是由于电流所产生的磁场（自场）超过临界磁场引起的。各超导体临界电流的大小，除和超导材料组成和结构有关外，对同一种超导材料而言，还与其截面积的大小和形状有关。

2. 电阻法测量

电阻法测量最常用的方法是四引线法。四端引线法示意图如图 3-39 所示，其中两端的电流引线与恒流源相连，用以检测超导样品的电压。当产生超导转变时，其电压降为零。采用四引线法的优点在于能够避免引线及接点电阻所引入的测量误差。由于数字电压表的输入阻抗很高，所以引线的接点的接触电阻均可忽略。

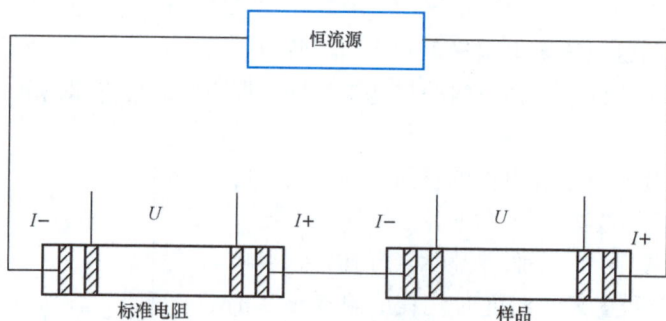

图 3-39 四端引线

【实验内容及操作】

（1）准备工作。将液氮注入杜瓦瓶，再将装有测量样品的低温恒温器浸入液氮，并固定在支架上；电缆连至测量仪"恒温器输入"端，用通信电缆将测量仪与计算机串行口连接。

（2）开启仪器。打开测量仪电源及电脑电源，进入测量软件，点击屏幕上的"数据采

集"图标,进入数据采集工作程序。此时,仪器面板上的"运行"指示灯闪烁。

(3) 测量。提升低温恒温器,使其脱离液氮的液面,温度将逐渐升高。此时,在计算机屏幕上将逐点描绘出两条电压——温度特性曲线。

其中:红点表示样品电流为正向时的电压降,蓝点表示样品电流为反向时的电压降。在屏幕右面"工作参数"区域将同时显示相应的工作参数值,其含义是:

1) 计数。数据采集开始后,所有采集到的有效数据的计数值。

2) 温度。低温恒温器温度传感器所采集到的恒温器当前温度值(K),该温度值可表示样品的温度值。

3) 样品电压值。当流过样品的电流为正向时所测量的样品两端的电压降的数值(μV)。

4) 样品电流值。正向和反向流过样品的电流平均值(μA)。

5) 光标指示值。光标处水平方向的数值为光标指示的温度值,垂直方向的数值为光标指示的电压值(μV)。

(4) 改变恒温器与液面的距离,可以得到不同变化速率的升/降温特性曲线。

(5) 退出测量。点击"停止",按提示输入文件名称,确认后退出。数据格式为文本格式,可用其他第三方软件打印或者是绘制曲线。

【数据处理】

利用测量数据绘出样品的电阻——温度特性曲线,求出样品的临界转变温度 T_c。

【注意事项】

(1) 所有盛放在低温液氮的容器都必须留有供蒸发气体逸出的孔道,以免容器内压力过大引起事故。

(2) 液氮灌入玻璃杜瓦瓶时,应缓慢灌入,避免骤冷引起杜瓦瓶的破裂,灌注液氮采用专用液氮灌注器。

(3) 实验中注意不要让液氮触及裸露的皮肤,特别是眼睛,以免造成严重的冻伤。

(4) 使用液氮时,室内应保持空气通畅,防止液氮的大量蒸发造成室内缺氧。氧含量低于 14%~15%,会引起人的昏厥。

【思考题】

1. 分析超导体零电阻现象的原因。

2. 低温条件的获得有哪些方法?简述其原理。

实验 3.12　制 冷 系 数 研 究

小型制冷装置通常指家用电冰箱、冷藏箱及小型空调器等。由于小型制冷装置与人们的日常生活及工作密切相关,已经形成需求很大的产业。目前广泛用于小型制冷装置中压缩式制冷循环的制冷剂主要是卤化烃类(氟利昂)。从节能的角度看,小型制冷装置制冷量和效率的测量,对其制冷性能检测及改进无疑是至关重要的,各种新型制冷循环的设计与制冷剂的开发,最终都离不开对不同条件下制冷量及制冷系数的检测。

【重点难点】

尽可能准确找到平衡状态。

【实验目的】

（1）了解压缩式制冷机的基本结构和工作原理。

（2）利用加热补偿法测量不同温度下小型制冷装置的制冷功率。

（3）通过对制冷系统压缩机进气口、排气口和冷凝器末端压力的测量，估测小型制冷装置的理论制冷系数。

【实验仪器】

小型制冷实验仪。

【实验原理】

1. 制冷的理论基础

热力学第二定律的克劳修斯说法是：热量是可以互相传递的。把两个温度不同的物体放在一起，原来温度高的物体温度将逐渐下降，而原来温度低的物体温度将逐渐升高，最终两物体的温度趋于相等。这就是说热量从温度较高的物体传给温度较低的物体，但是不可能自发地由低温物体流向高温物体而不引起其他变化。因此，只能通过某种逆向热力学循环，外界对系统作一定的功，才能使热量从低温物体（冷端）传到高温物体（热端），如图 3-40 所示。随着对这种循环的应用目的不同，可以把这样的过程称为热泵或制冷。如果是对系统热端的利用，就称为热泵；反之对系统冷端的利用称为制冷。小型制冷装置是对循环系统冷端的利用，称制冷机。

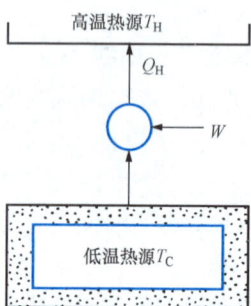

图 3-40　逆向热力学循环

2. 制冷的方式

制冷的方法很多，常见的有液体汽化制冷、气体膨胀制冷、涡流管制冷和热电制冷等。其中液体汽化制冷的应用最为广泛，它是利用液体汽化时的吸热效应实现制冷的。蒸汽压缩式、吸收式、蒸汽喷射式和吸附式制冷都属于液体汽化制冷，其制冷循环的共同点式都由制冷剂汽化、蒸汽升压、高压蒸汽液化和高压液体降压四个过程组成。从图 3-41 可见，小型制冷装置的制冷循环主要有四个过程：绝热压缩过程，在压缩机中制冷剂由低温低压压缩成高温高压蒸汽；等温冷凝过程，冷凝器（散热器）使制冷剂由高温高压蒸汽放热冷凝为中温高压液体；绝热膨胀过程，毛细管使制冷剂节流膨胀为低温低压汽液混合体，进入蒸发器；等温蒸发过程，蒸发器使制冷剂吸收低温热源的热量汽化成低温低压蒸汽，这样单位质量的制冷剂在每一次循环中从低温热源吸收热量，从而达到制冷循环的目的。

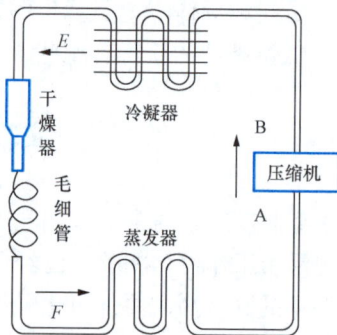

图 3-41　小型制冷装置结构图

3. 制冷剂氟利昂

氟利昂是一类透明、无味、基本无毒又不易燃烧、化学性能稳定的制冷剂。常用的氟利昂制冷剂有 R12、R22、R11、R13 和 R134。本实验中使用的制冷剂为氟利昂 R12，其分子式为 CCl_2F_2。R12 无色、无味、无臭、无毒，对金属材料无腐蚀性。冷凝压力低，标准蒸发温度为 $-29.8℃$，属于中温制冷剂，用于中小型活塞式压缩机，最低可获得−70℃的低温。R12 对水的溶解度小，游离态的水会在低温下结冰，阻塞毛细管的通道，使压缩机不能正常工作，所以灌注制冷剂时，应使设备及管道干燥，并且在制冷系统中设置干燥器。

4. 压焓图

在制冷循环的分析和计算中，压焓图起着十分重要的作用，其结构如图 3-42 所示。

图 3-42 中临界点 K 左边的粗实线为饱和液体线，线上每点都代表了一个饱和液体状态，其干度 $X=0$；右边的粗实线为干饱和蒸汽线，线上每点都代表了一个饱和蒸汽状态，$X=1$；饱和液体线的左边为过冷液体区，该区域内的液体为过冷液体，其温度低于相同压力下的饱和液体的温度；干饱和线的右边是过热蒸汽区，该区域内的蒸汽为过热蒸汽，其温度高于相同压力下的饱和蒸汽的温度；这两条线之间的区域是两相区，制冷剂在这个区域内是处于汽、液混合状态。

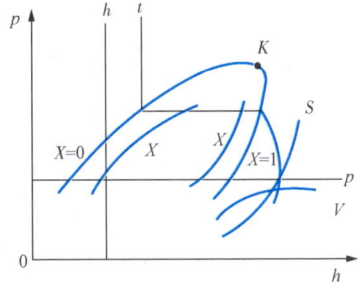

图 3-42 压焓图

图 3-42 中有六种等参数线：等压线 p 为水平线，等焓线 h 为垂直线，t 为等温线，S 为等熵线，V 为等容线，X 为等干度线。

图 3-43 为简化了的某制冷剂的压焓图，1 点位于与 t_0 相应的压力 p_0 的等压线与饱和蒸汽线的交点上，为制冷剂进入压缩机的状态；2 点为制冷剂出压缩机的状态，1-2 的过程为等熵过程，压力由 p_0 增加到 p_K；3 点是等压线与饱和液体线的交点，表示制冷剂出冷凝器时的状态，它是与冷凝温度 t_K 对应的饱和液体；2-2'-3 过程为等压过程，表示制冷剂在冷凝器内的冷却和冷凝过程；4 点为制冷剂出节流阀的状态，也就是进入蒸发器的状态；3-4 表示等焓节流过程，制冷剂压力由 p_K 降低到 p_0，相应地温度从 t_K 降低到 t_0，由 3 点做等焓线与等压线的交点即为 4 点；过程线 4-1 表示制冷剂在蒸发器中的汽化过程，为等温等压过程，液态制冷剂吸取被冷却物体的热量而不断汽化，最终又回到状态 1。

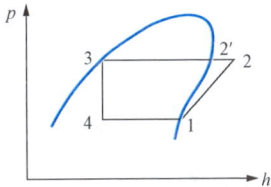

图 3-43 简化的压焓图

但在实际循环中与这一简化循环存在一定的偏离，最明显的偏离有四点：①1-2 并非严格的等熵线，因为压缩机的压缩过程只是近似绝热过程。②2-3 并非严格的等压线，$p_3 < p_2$。③3-4 并非严格的等焓线，因为节流毛细管与进气管道构成了热交换器，从蒸发器回流压缩机的制冷剂温度较低，通过热交换器吸收了节流元件的热量，使得 $h_4 < h_3$。④状态 1 不一定处于饱和蒸汽线上，其原因也是热交换器的存在使得进气口的制冷剂温度进一步升高，而进入过热蒸汽区。

5. 制冷量

制冷量 Q_c 表示单位时间内制冷剂通过蒸发器吸收的被冷却物体的热量。它是表征制冷机制冷功率的重要物理量，为准确测量一定温度下的制冷量，可以采用热补偿的原理。即利用电加热器馈送热量至被冷却物体，使得被冷却物体单位时间内从电加热器获得的热量 Q_e 正好等于制冷剂吸收的热量 Q_c，在排除其他各种漏热途径的情况下，当被冷却物体维持温度不变时，即 $Q_C = Q_e$，Q_e 为流过加热器的电流与加热器两端电压降的乘积。

6. 制冷系数 ε

制冷循环常用制冷系数表示它的循环经济性能，根据热力学第二定律，制冷机的制冷系数等于单位耗功量所制得的制冷量，即

$$\varepsilon = \frac{Q_C}{W} \tag{3-63}$$

上式表示，ε 越大，意味着单位耗功量所能制取的制冷量越多，越经济。制冷系数是反映制冷机制冷特性的一个参数，它可以大于 1，也可以小于 1。

逆向卡诺循环机的制冷系数为

$$\varepsilon = \frac{T_C}{T_H - T_C} \tag{3-64}$$

由此可见，T_C 为蒸发温度，等于被冷却物体的温度（冷冻室的温度）；T_H 为制冷剂的冷凝温度，等于外部热源温度（室温），T_C 与 T_H 越接近，即冷冻室的温度与室温越接近时，ε越大。消耗同样的功率，可以把较多的热量从低温热源转移到高温热源，获得较好的制冷效果。家用冰箱如果没有需要深度冷冻的物品时，最好保持在 −5℃左右即可，这样可以省电。

理论上，根据热力学第一定律，如果忽略位能的变化，稳定流动的能量方程可以表示为

$$Q + W = m(h_i - h_j) \tag{3-65}$$

式中：Q 和 W 分别为单位时间内加给系统的热量和机械功；m 为系统内稳定的质量流率；h 为比焓，即单位质量的焓值，下标表示状态点。

对节流阀，制冷剂通过节流孔口时绝热膨胀，对外不做功，式（3-63）变为

$$0 = m(h_4 - h_3)$$
$$h_4 = h_3 \tag{3-66}$$

上式表明这是等焓过程。

对压缩机，如果忽略压缩机与外界环境所交换的热量，则式（3-63）变为

$$W = m(h_2 - h_1) \tag{3-67}$$

对蒸发器，被冷却的物体通过蒸发器向制冷剂传递热量 Q_C，因蒸发器不做功，故有

$$Q_C = m(h_1 - h_4) = m(h_1 - h_3) \tag{3-68}$$

这样制冷系数可以表达为

$$\varepsilon = \frac{Q_C}{W} = \frac{h_1 - h_3}{h_2 - h_1} \tag{3-69}$$

因而，只要根据压焓图所示简化了的制冷循环，测量出制冷剂在压缩机进气口和排气口的压力，从制冷剂的压焓图上查出 h_1 和 h_2 值，并由冷凝器末端的压力按简化制冷循环推算出 h_3，即可得到理论上估算的制冷系数。

【实验装置】

制冷循环系统是由压缩机、冷凝器、干燥过滤器、毛细管、蒸发器等组成，并装有压力表和温度测试表。干燥过滤器内装有吸湿剂，用于滤除制冷剂中可能存在的微量水分和杂

质，防止在毛细管中产生冰冻堵塞或脏堵塞。毛细管的内径小于 0.2mm 用于产生焦耳—汤姆孙效应，达到制冷剂节流膨胀的效果。蒸发器是在杜瓦瓶中盛 2/3 深度的含水酒精作冷冻物；用蛇形管蒸发制冷剂吸热；并用马达带动搅拌器使蒸发器内温度均匀。蒸发器内用加热器平衡制冷剂蒸发时的吸热量，温度计用于读出蒸发器内的温度，以判断是否已达到了热平衡。

【实验内容及操作】

实验 3.12　制冷系数研究

连接仪器，接通电源，使系统运行正常后进行以下实验。

（1）开启压缩机开关，同时开启搅拌开关和风扇开关。

（2）观察并记录保温杯温度下降情况，在 0℃时按下计时键，每降 2℃，记录此时的时间，共需记录 10 组。

（3）在坐标纸上画出温度 - 时间响应特性曲线。

（4）开启加热电源开关，调节加热输出电压值到 5V，观察保温杯温度，当温度保持 200s 不变，近似认为此时达到平衡状态，记录此时的平衡温度和加热电压、电流，计算出加热功率，即为该温度下制冷机的制冷功率。

（5）每次电压增加 3V，再等待保温杯温度达到平衡，记录平衡温度和加热电压、电流，计算加热功率，作出制冷功率 - 温度的关系曲线图。

（6）在进行上述各点制冷量测量的同时，分别记录压缩机进气口、排气口及冷凝器末端的压强，并利用压焓图查出 h_1、h_2 和 h_3，计算蒸发室处于不同温度时制冷机的实际制冷系数，以及制冷系数 - 温度响应特性曲线。

【注意事项】

（1）实验时，学生切勿搬动实验装置上的任何部件和仪器背后的制冷剂充注阀，以免造成制冷剂泄漏而损坏仪器。

（2）压缩机停机以后不能立即启动，再次启动要相隔 5min。

（3）整个实验过程中必须一直打开搅拌器，以防止杜瓦瓶中液体结冰损坏实验仪器。

（4）测量时，要等温度充分稳定后（可从保温杯温度 t_0 判断），再记录数据。

【思考题】

1. 在一定温度下，随着被冷却液温度的降低，预计制冷机的制冷量和制冷系数是增加还是降低？为什么？

2. 为什么测量时一定要使被冷却液温度充分稳定后才记录数据？

3. −20℃附近和 −10℃附近的制冷量和制冷系数有何差别？为什么会出现这种差别？

4. 影响制冷效果的主要因素有哪些？

【制冷剂压焓图】

制冷剂压焓图如图 3 - 44 所示。

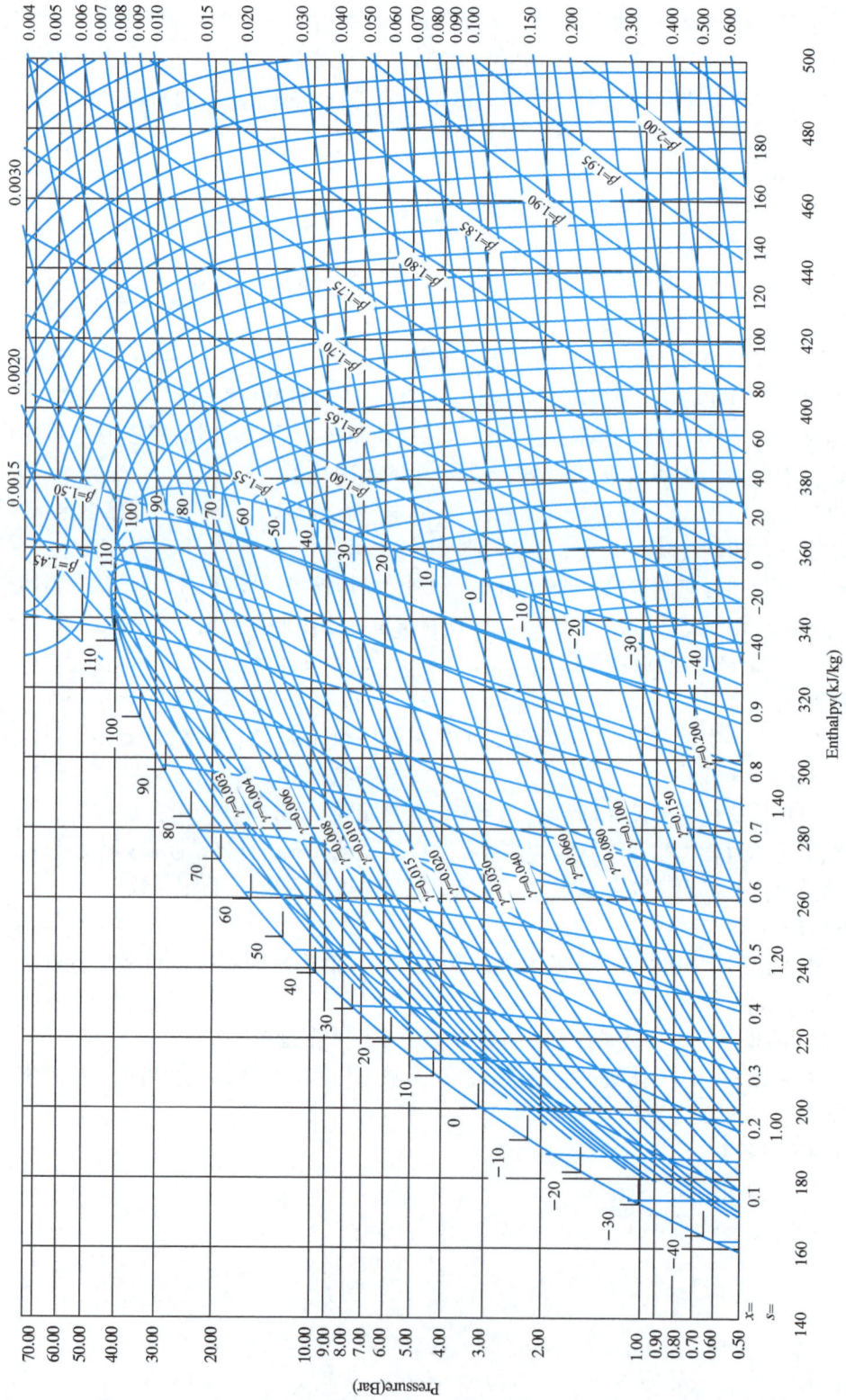

图 3 - 44　实际制冷剂压焓图

实验 3. 13 弗兰克—赫兹实验

1913 年，丹麦物理学家玻尔（N. Bohr）提出了原子结构的玻尔理论，他认为：原子只能处于一系列不连续的能量状态中，在这些状态中原子是稳定的，这些状态称为定态。原子系统从一个定态过渡到另一个定态，伴随着光辐射量子的发射和吸收。辐射或吸收的光子的能量由这两种定态的能量差来决定，原子光谱中的每根谱线表示原子从某一个较高能态向另一个较低能态跃迁时的辐射。1914 年，德国物理学家弗兰克（J. Franck）和赫兹（G. Hertz）利用慢电子轰击稀薄气体原子的方法研究电子与原子碰撞前后电子能量的变化，测定了汞原子的第一激发电位，证明了原子发生跃变时吸收和辐射的能量是分立的、不连续的。后来他们又观测了实验中被激发的原子回到正常态时所辐射的光，测出辐射光的频率符合玻尔理论的频率定则。从而证明了玻尔理论的正确。他们因此获得了 1925 年诺贝尔物理学奖。

弗兰克—赫兹实验至今仍是探索原子结构的重要手段之一，实验中用的"拒斥电压"筛去小能量电子的方法，已成为广泛应用的实验技术。

【重点难点】

理解玻尔的原子能级理论和数据处理方法。

【实验目的】

通过测定氩原子等元素的第一激发电位（即中肯电位），证明原子能级的存在。

【实验仪器】

FH-2 智能弗兰克—赫兹实验仪。

【实验原理】

根据玻尔的原子模型理论，原子是由原子核和以核为中心沿各种不同轨道运动的一些电子构成的，如图 3-45 所示。对于不同的原子，这些轨道上的电子数分布各不相同。一定轨道上的电子具有一定的能量。当同一原子的电子从低能量的轨道跃迁到较高能量的轨道时（如图 3-45 从 Ⅰ 到 Ⅱ 所示），原子就处于受激状态。若轨道 Ⅰ 为正常状态，则较高能量的 Ⅱ 和 Ⅲ 依次称为第一受激态和第二受激态。但是原子所处的能量状态并不是任意的，而是受到玻尔理论的两个基本假设的制约。

（1）定态假设。原子只能较长地停留在一些稳定状态（简称为定态）。原子在这些状态时，不发射或吸收能量；各定态有一定的能量，其数值是彼此分隔的，不连续的。原子的能量不论通过什么方式发生改变，它只能从一个定态跃迁到另一个定态。

（2）频率定则。当原子从一个定态跃迁到另一个定态，就发射或吸收一定频率的电磁辐射。如果用 E_m 和 E_n 分别代表两定态能量，辐射频率 ν 的大小取决于如下关系

$$h\nu = E_m - E_n \qquad (3-70)$$

式中，普朗克常数 $h = 6.63 \times 10^{-34}$ J·s。

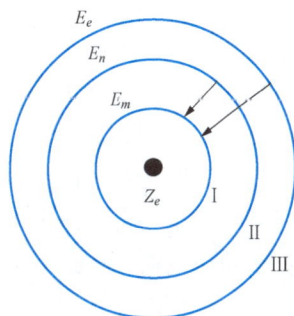

图 3-45 原子结构示意图

原子状态的改变通常在两种情况下发生：一是当原子本身吸收或发射电磁辐射时；二是

当原子与其他粒子发生碰撞而交换能量时。本实验就是利用具有一定能量的电子与氩原子相碰撞而发生能量交换来实验氩原子状态改变的。

由玻尔理论可知，处于基态的原子发生状态改变时，其所需能量不能小于该原子从基态跃迁到第一受激态时所需的能量，这个能量称作临界能量。当电子与原子碰撞时，如果电子能量小于临界能量，则发生弹性碰撞；若电子能量大于临界能量，则发生非弹性碰撞。这时，电子给予原子以跃迁到第一受激态时所需要的能量，其余的能量仍由电子保留。

设初速度为零的电子在电位差为 U_0 的加速电场作用下，获得能量 eU_0。当具有这种能量的电子与稀薄气体的原子（比如十几托的氩原子）发生碰撞时，就会发生能量交换。如以 E_1 代表氩原子的基态能量、E_2 代表氩原子的第一激发态能量，那么当氩原子吸收从电子传递来的能量恰好为

$$eU_0 = E_2 - E_1 \tag{3-71}$$

此时，氩原子就会从基态跃迁到第一激发态。而且相应的电位差称为氩的第一激发电位（或称氩的中肯电位）。测定出这个电位差 U_0，就可以根据式（3-71）求出氩原子的基态和第一激发态之间的能量差了（其他元素气体原子的第一激发电位也可依此法求得）。

弗兰克-赫兹实验的原理图如图 3-46 所示。

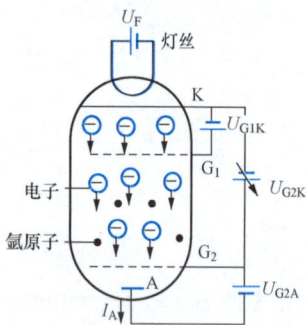

图 3-46　弗兰克-赫兹实验原理

在充氩的弗兰克-赫兹管中，电子由热阴极发出，阴极 K 和第二栅极 G_2 之间的加速电压 U_{G2K} 使电子加速。在板极 A 和第二栅极 G_2 之间加有反向拒斥电压 U_{G2A}。当电子通过 KG_2 空间进入 G_2A 空间时，如果有较大的能量（$\geqslant eU_{G2A}$），就能冲过反向拒斥电场而到达板极形成板流，为微电流计 μA 表检出。如果电子在 KG_2 空间与氩原子碰撞，把自己一部分能量传给氩原子而使后者激发的话，电子本身所剩余的能量就很小，以致通过第二栅极后已不足以克服拒斥电场而被折回到第二栅极，这时，通过微电流计 μA 表的电流将显著减小。

实验时，使 U_{G2K} 电压逐渐增加并仔细观察电流计的电流指示，如果原子能级确实存在，而且基态和第一激发态之间有确定的能量差的话，就能观察到图 3-47 所示的 $I_A \sim U_{G2K}$ 曲线。图 3-47 所示的曲线反映了氩原子在 KG_2 空间与电子进行能量交换的情况。当 KG_2 空间电压逐渐增加时，电子在 KG_2 空间被加速而取得越来越大的能量。但起始阶段，由于电压较低，电子的能量较少，即使在运动过程中它与原子相碰撞也只有微小的能量交换（为弹性碰撞）。穿过第二栅极的电子所形成的板流 I_A 将随第二栅极电压 U_{G2K} 的增加而增大（如图 3-47 $0a$ 段所示）。当 KG_2 间的电压达到氩原子的第一激发电位 U_0 时，电子在第二栅极附近与氩原子相碰撞，将自己从加速电场中获得的全部能量交给后者，并且使后者从基态激发到第一激发态。而电子本身由于把全部能量给了氩原子，即使穿过了第二栅极也不能克服反向拒斥电场而被折回第二栅极（被筛选掉）。所以板极电流将显著减小（图 3-47 所示 ab 段）。随着第二栅极电压的增加，电子的能量也随之增加，在与氩原子相碰撞后还留下足够的能量，可以克服反向拒斥电场而达到板极 A，这时电流又开始上升（bc 段）。直到 KG_2 间电压是二倍氩原子的第一激发电位时，电子在 KG_2 间又会因二次碰撞而失去能量，因而又会造成第二次板极电流的下降（cd 段），同理

$$U_{G2K} = nU_0 (n = 1, 2, 3\cdots) \tag{3-72}$$

在式（3-72）所示的地方，板极电流 I_A 都会相应下跌，形成规则起伏变化的 $I_A \sim U_{G2K}$ 曲线。而各次板极电流 I_A 下降相对应的阴、栅极电压差 $U_{n+1} - U_n$ 应该是氩原子的第一激发电位 U_0。

本实验就是要通过实际测量来证实原子能级的存在，并测出氩原子的第一激发电位。原子处于激发态是不稳定的。在实验中被慢电子轰击到第一激发态的原子要跳回基态，进行这种反跃迁时，就应该有 eU_0 电子伏特的能量发射出来。反跃迁时，原子是以放出光量子的形式向外辐射能量。这种光辐射的波长为

图 3-47　夫兰克—赫兹管的 $I_A \sim U_{G2K}$ 曲线

$$eU_0 = h\nu = h\frac{c}{\lambda} \tag{3-73}$$

对于氩原子
$$\lambda = \frac{hc}{eU_0} \text{（Å）}$$

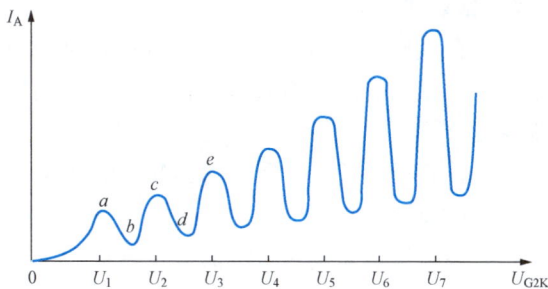

【实验内容及操作】

（1）连接弗兰克—赫兹管各组工作电源线，检查无误后开机。开机后的初始状态如下：

实验仪的"1mA"电流挡位指示灯亮，表明此时电流的量程为 1mA 挡；电流显示值为 000.0 μA；

实验仪的"灯丝电压"挡位指示灯亮，表明此时修改的电压为灯丝电压；电压显示值为 000.0V；最后一位在闪动，表明现在修改位为最后一位。

"手动"指示灯亮。表明仪器工作正常。

（2）氩元素的第一激发电位测量。

1）设置仪器为"手动"工作状态，按"手动/自动"键，"手动"指示灯亮。

2）设定电流量程为 1 μA。

3）设定电压源的电压值（设定值可参考机箱盖上提供的数据），用 ↓ / ↑，←/→ 键完成，需设定的电压源有：灯丝电压 U_F、第一加速电压 U_{G1K}、拒斥电压 U_{G2A}。

4）按下"启动"键，实验开始。用 ↓ / ↑，←/→ 键完成 U_{G2K} 电压值的调节，从 0.0V 起，按步长 1V（或 0.5V）的电压值调节电压源 U_{G2K}，同步记录 U_{G2K} 值和对应的 I_A 值，测量到为 80V 时，结束测量，将测量数据记录在表格中，表格需自拟。

注意：为保证实验数据的唯一性，U_{G2K} 电压必须从小到大单向调节，不可在过程中反复；记录完成最后一组数据后，立即将 U_{G2K} 电压快速归零。

5）重新启动。在手动测试的过程中，按下启动按键，U_{G2K} 的电压值将被设置为零，内部存储的测试数据被清除，但 U_F、U_{G1K}、U_{G2A}、电流挡位等的状态不发生改变。这时，操作者可以在该状态下重新进行测试，或修改状态后再进行测试。

6）修改 U_F，重复步骤（4），再测量 U_{G2K} 对应的 I_A 值。

实验 3.13　弗兰克-赫兹实验

【数据处理】

（1）在坐标纸上描绘各组 $I_A \sim U_{G2K}$ 数据对应曲线。

（2）根据曲线上的峰值位置，取 6 个峰值对应的 U_{G2K}，用逐差法计算氩原子的第一激发电位 U_0。

（3）计算反跃迁时，所辐射出光波的波长。

【注意事项】

（1）各电压值须按照给定值进行设置。

（2）U_{G2K} 设定终止值不要超过 80V。

（3）当仪器出现异常时，应立即关闭电源。

【思考题】

1. 为什么 $I_A - U_{G2K}$ 成周期性变化？

2. 拒斥电压增大时，I_A 如何变化？

3. 灯丝电压改变时，对弗兰克‐赫兹曲线有何影响？

实验 3.14　用示波法测量铁磁材料的磁滞回线

在工业生产中有很多设备和零件，如发电机、变压器、计算机存储元件等，都要用铁磁材料来制造，对这些铁磁材料的磁化特性进行定量测试，可以帮助我们合理地使用它们。用示波器测量铁磁材料的磁滞回线，具有直观、方便、迅速等优点，在对材料的研究工作中，如果对准确度要求不高，也可采用示波器法，这种方法还适合于工厂对成批产品的检验工作。

【重点难点】

理解实验原理图及实验电路的连接。

【实验目的】

（1）了解用示波器显示磁滞回线的基本原理。

（2）学习用示波器法测绘铁磁物质的磁滞回线和基本磁化曲线。通过观测加深对磁滞现象、磁化曲线、磁滞回线、矫顽力、剩磁及磁导率等概念的理解。

（3）熟悉示波器和真空管毫伏表的用法。

【实验仪器】

示波器、调压器、变压器、滑线变阻器、电子管毫伏表及电阻、电容、屏蔽线等。

【实验原理】

1. 铁磁材料的磁化特性

铁磁材料具有保持原有磁化状态的性质，称为磁滞，这是铁磁材料独特的磁化特性。取一块未磁化的铁磁材料，比如以绕有线圈的硅钢片铁芯为例，如果流过线圈的磁化电流从零逐渐增大，则铁芯中的磁感应强度 B 也由零开始增大，如图 3‐48 所示，当 H 增加到 H_{a2} 后，B 的增加减慢，当 H 增加到 H_m 时，B 达到饱和。特别要注意的是已经磁化的铁磁材料，使 H 减少并趋向零时，B 并不沿 $a_m a_2 a_1 0$ 曲线下降，而是沿 $a_m b$ 曲线下降到 b 点，材

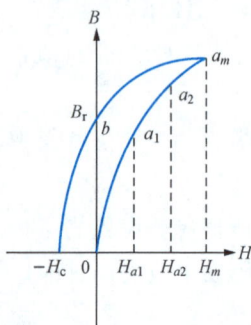

图 3‐48　起始磁化曲线

料中保持一定的磁感应强度 B_r，通常称为铁磁材料的剩磁。为了使磁感应强度 $B=0$（即消除剩磁 B_r），必须反向加磁场强度 $-H_C$，通常称这个反向磁场强度 H_C 为矫顽力，$a_m a_2 a_1 0$ 曲线称为起始磁化曲线。

B 随 H 变化的全过程如图 3 - 49 所示，当磁场强度 H 由 $0 \rightarrow H_C \rightarrow H_m \rightarrow 0 \rightarrow -H_C \rightarrow -H_m \rightarrow 0 \rightarrow H_C \rightarrow H_m$ 多次重复的周期性变化时，相应的磁感应强度 B 沿 $0 \rightarrow B_m \rightarrow B_r \rightarrow 0 \rightarrow -B_m \rightarrow -B_r \rightarrow 0 \rightarrow B_m$ 的顺序变化，将上述变化的各点连接起来，就得到一条闭合曲线 $abcde-fa$，因为磁感应强度 B 总是滞后于磁场强度 H 的变化，因此把上述闭合曲线称为磁滞回线。H_m、B_m 称为饱和磁场强度和饱和磁感应强度。

对于同一铁磁材料，若开始时不带磁性，依次选取磁化电流 I_1，I_2，$\cdots$，$I_m (I_1 < I_2 < \cdots I_m)$，则相应的磁场强度为 H_1，H_2，$\cdots$，H_m，在每一选定磁场值下，使其方向发生两次变化（即 $H_1 \rightarrow -H_1 \rightarrow H_1$，$\cdots H_m \rightarrow -H_m \rightarrow H_m$ 等）则可得到一组逐渐增大的磁滞回线，如图 3-50 所示。其中最大面积的磁滞回线称为极限磁滞回线（也可认为接近饱和的磁滞回线）。此时，再加大磁场强度，回线面积将没有明显变化。我们把 0 点和各个磁滞回线的顶点 a_1，a_2，$\cdots$，a 所连成的曲线称为铁磁材料的基本磁化曲线。由基本磁化曲线可知，铁磁材料的 B 和 H 并不是线性关系，即磁导率 $\mu \dfrac{B}{H}$ 不是常数。

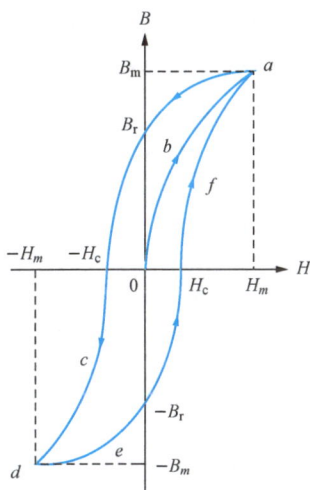

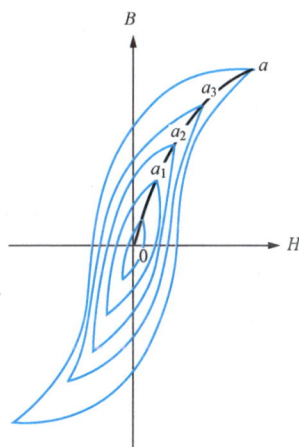

图 3 - 49　磁滞回线　　　　图 3 - 50　磁滞回线和基本磁化曲线

由于铁磁材料磁化过程的不可逆性及具有剩磁的特点，在测磁化曲线和磁滞回线时，首先必须将铁磁材料预先退磁，以保证外加磁场 $H=0$ 时，$B=0$；其次，磁化电流在实验过程中只允许单调增加或减少，不可时增时减。

在理论上，要消除剩磁 B_r，只需要通一反向磁化电流，使外加磁场正好等于铁磁材料的矫顽力就行，实际上，矫顽力的大小通常并不知道，因而无法确定退磁电流的大小。我们从磁滞回线得到启示：如果铁磁材料磁化到磁饱和，然后不断改变磁化电流的方向，与此同时逐渐减小磁化电流，以至于零，那么该材料的磁化过程就是一连串逐渐缩小而最终趋于原点的环状曲线，当 H 减小到零时，B 也同时降为零，达到完全退磁。

2. 示波器显示磁滞回线的原理和线路

本实验的任务是给铁磁材料加交变磁场，使材料接近饱和，并在示波器上完整地显示材料的磁滞回线。但是，怎样才能在示波器上显示出磁滞回线（即 B-H 曲线）？显然，只要设法使示波器的水平轴（X 轴）输入正比于被测样品的磁场强度 H 的电压，使竖直轴（Y 轴）输入正比于样品的磁感应强度 B 的电压，并保持 B（或 H）为样品的原有函数关系，就可在示波器的荧光屏上如实地显示样品的磁滞回线。图 3-51 所示为实验的线路图，图中 R_1 取 20Ω，R_2 取 $1\mathrm{k}\Omega$，C 取 $150\mu\mathrm{F}$。被测量变压器铁芯截面为 $22.0\mathrm{mm}\times5.0\mathrm{mm}$，调压器可调范围为"$0\sim220\mathrm{V}$"。

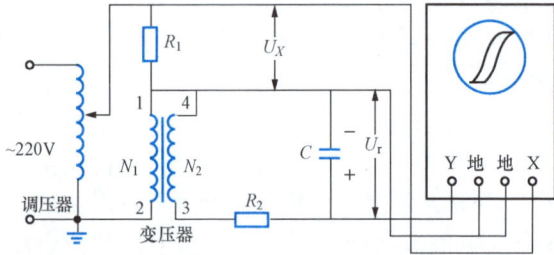

图 3-51　测量电路

如将 R_1 上的电压降 $U_X=I_1R_1$（注意 I_1 和 U_X 是交变的）加在示波器 X 轴偏转板上，则电子束在水平方向上的偏转与磁化电流成正比，根据安培环路定律

$$I_1N_1=HL \tag{3-74}$$

式中：N_1 为线圈初级匝数；L 为铁芯平均磁路，于是有

$$U_X=\frac{LR_1}{N_1}\cdot H \tag{3-75}$$

式（3-75）表明，在交变磁场下，在任一瞬时 t 如果将电压 U_X 接到示波器 X 轴输入端，则电子束的水平偏转正比于磁化强度 H。为了获得和样品的磁感应强度瞬时值 B 成正比的电压 U_Y，我们采用电阻 R_2 和电容 C 组成的积分电路，并将电容 C 两端的电压 U_C 接到示波器 Y 轴输入端，用交变的磁场 H 在样品中产生交变的磁感应强度 B，结果在次级线圈 N_2 内出现感应电动势，其大小为

$$\varepsilon_2=N_2\frac{\mathrm{d}\varphi}{\mathrm{d}t}=N_2S\frac{\mathrm{d}B}{\mathrm{d}t} \tag{3-76}$$

式中：N_2 为次级线圈匝数；S 为铁芯截面积。

对于次级线圈回路有

$$\varepsilon_2=U_C+I_2R_2 \tag{3-77}$$

为了如实地给出磁滞回线，要求积分电路的时间常数 R_2C 应比 $\frac{1}{2\pi f}$（其中 f 为交流电频率）大 100 倍以上，即要求 R_2 比 $\frac{1}{2\pi fc}$（电容 C 的容抗）大 100 倍以上，这样，U_C 与 I_2R_2 相比可忽略（由此带来的误差小于 1%），于是式（3-77）可化简为

$$\varepsilon_2=I_2R_2 \tag{3-78}$$

利用式（3-78）的结果，电容 C 两端的电压可表示为

$$U_C=\frac{Q}{C}=\frac{1}{C}\int I_2\,\mathrm{d}t=\frac{1}{CR_2}\int\varepsilon_2\,\mathrm{d}t \tag{3-79}$$

它表示输出电压 U_C 是输入电压对时间的积分，这就是"积分电路"名称的由来。

将式（3-76）代入式（3-79）得到

$$U_Y=U_C=\frac{1}{CR_2}\int N_2S\frac{\mathrm{d}B}{\mathrm{d}t}\mathrm{d}t=\frac{N_2S}{CR_2}\int\frac{\mathrm{d}B}{\mathrm{d}t}\mathrm{d}t=\frac{N_2S}{CR_2}\int_0^B\mathrm{d}B=\frac{N_2SB}{CR_2} \tag{3-80}$$

式（3-80）表明，接在示波器 Y 轴输入端电容 C 上的电压 U_C 确实正比于 B。

这样，在磁化电流变化一个周期内，电子束的径迹描出一条完整的磁滞回线，适当调节示波器 X、Y 轴增益，再由小逐渐增大调压器的输出电压，在屏幕上能观察到由小到大扩展的磁滞回线图形，再把在坐标纸上记录的各磁滞回线的顶点位置连成一条曲线，这条曲线就是样品的基本磁化曲线。

为了得到磁滞回线上所有各点的 H、B 值，可由下式把测量时记录的坐标值 X、Y 换算成对应的电压值

$$U_X = S_X X , U_Y = U_C = S_Y Y$$

将上式代入式（3-75）和式（3-80）得到计算 H、B 值公式

$$H = \frac{N_1 S_x}{L R_1} \cdot X , B = \frac{C R_2 S_y}{N_2 S} \cdot Y \tag{3-81}$$

式中各量单位：R_1、R_2 为 Ω，L 为 m，S 为 m^2，C 为 F，S_X、S_Y 为 V/cm，X、Y 为 cm，则 H 为 A/m，B 为 T。被测变压器的各参数，如初级线圈匝数 N_1、次级线圈匝数 N_2、铁芯平均磁路 L、铁芯截面积 S 等，由实验室给出。

【实验内容及操作】

（1）按图 3-51 连接线路，调节示波器，把亮点调到中心。

（2）接通线路电源，逐步升高调压变压器的输出电压，屏上将出现由小到大扩展的磁滞回线图形，调节示波器 X、Y 增益，使图像大小适当（即接近饱和时的最大磁滞回线面积上的各点均能准确读出坐标），将磁滞回线接近饱和后，逐渐减小调压器的输出电压至零（对被测样品退磁）。

（3）从零开始，分阶段（每隔 10V）单调增加输出电压，使磁滞回线由小变大，分别读记每个磁滞回线正顶点坐标 X_{mm}、Y_{mm}，填入自设表格中。

（4）调出接近饱和磁滞回线后，记下 12 个点的坐标，各点如图 3-52 所示，数据填入自设表格中。

（5）将示波器的微调旋钮调到最大，记录示波器 X、Y 轴的灵敏度 S_X、S_Y。

【数据处理】

（1）按式（3-81）算出测试材料的剩磁、矫顽力及饱和磁滞回线正顶点的 H、B 值。

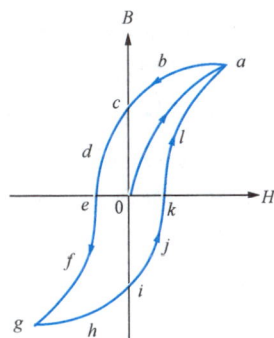

图 3-52 磁带回线测量点

（2）在坐标纸上描绘出基本磁化曲线和饱和磁滞回线。

【注意事项】

（1）电压较高，要注意安全。

（2）为了避免感应，电子束毫伏表要用屏蔽线连接。

（3）连接时注意火线和地线不能接错。

（4）测绘基本磁化曲线时，磁化电流（由调压器输出电压控制）只能单调地增加或减少，否则实验必须从头开始。

（5）每次检查线路或改动线路时，务必先将调压器输出调至零。

（6）当示波器显示的磁滞回线为反向（为二、四象限方向）时，互换变压器初级线圈（或次级线圈）两接线端上的全部接线即可。

【思考题】

1. 完成磁滞回线全部测量结束前为什么不能变动示波器的 X、Y 轴衰减及增幅旋钮？

2. 为什么测量 H_m 时取自与线圈 N_1 串联的 R_1 上的电压，而不是直接从 N_1 两端取电压？

3. 测量 B_m 时为什么从电容器上取电压？

4. 为什么在测量前必须进行退磁？怎样进行退磁？

实验 3.15　准稳态法测量物体导热系数和比热容

热传导是热传递的三种基本方式之一。导热系数是表征物体导热性能的物理量，定义为单位温度梯度下每单位时间内由单位面积传递的热量，单位为 W/（m·K）。

比热容是单位质量物质的热容量。单位质量的某种物质，在温度升高（或降低）1℃时所吸收（或放出）的热量，称为这种物质的比热容，单位为 J/（kg·K）。

以往测量导热系数和比热容的方法大多采用稳态法，使用稳态法要求温度和热流量均要稳定，但在学生实验中实现这样的条件比较困难，因而导致测量的重复性、稳定性、一致性差，误差大。为了克服稳态法测量的误差，我们使用了一种新的测量方法——准稳态法，使用准稳态法只要求温差恒定和温升速率恒定，而不必通过长时间的加热达到稳态，即可通过简单计算得到导热系数和比热容。

【重点难点】

温差恒定和温升速率恒定条件确定。

【实验目的】

（1）了解准稳态法测量导热系数和比热容的原理。

（2）学习热电偶测量温度的原理和使用方法。

（3）用准稳态法测量不良导体的导热系数和比热容。

【实验仪器】

准稳态法比热容·导热系数测定仪（图 3-53），保温杯，样品。

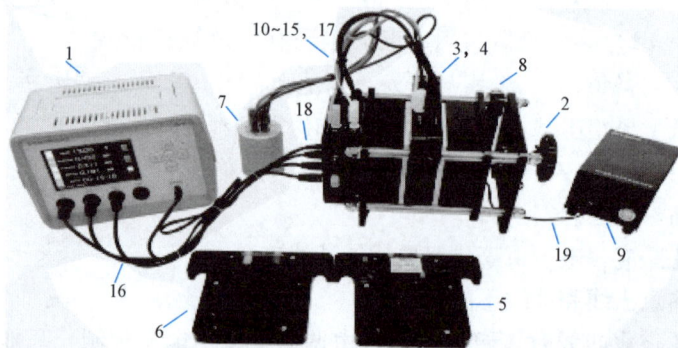

图 3-53　准稳态法比热容·导热系数测定仪

1—多功能物理测试仪；2—准稳态法比热容导热实验装置；3—有机玻璃加热面样件；4—有机玻璃中心面样件；
5—橡胶加热面样件；6—橡胶中心面样件；7—保温杯；8—杯架；9—电源适配器；10~15—单芯连接线；
16~19—多芯连接线

【实验原理】

1.1 准稳态法测量原理

一维无限大导热模型：理想中的无限大不良导体平板（图 3-54）厚度为 $2R$，初始温度为 t_0，现在平板两侧同时施加均匀的指向中心面的热流密度 q_c，则平板各处的温度 $t(x,\tau)$ 将随加热时间 τ 而变化。

以试样中心为坐标原点，上述模型的数学描述可表达如下

$$\begin{cases} \dfrac{\partial t(x,\tau)}{\partial \tau} = a\,\dfrac{\partial^2 t(x,\tau)}{\partial x^2} \\[2mm] \dfrac{\partial t(R,\tau)}{\partial x} = \dfrac{q_c}{\lambda},\ \dfrac{\partial(0,\tau)}{\partial x}=0 \\[2mm] t(x,0)=t_0 \end{cases}$$

上式中，$a=\dfrac{\lambda}{\rho c}$，$\lambda$ 为材料的导热系数，ρ 为材料的密度，c 为材料的比热容。

图 3-54 理想中的无限大不良导体平板

可以给出此方程的解为

$$t(x,\tau)=t_0+\frac{q_c}{\lambda}\left[\frac{a}{R}\tau+\frac{1}{2R}x^2-\frac{R}{6}+\frac{2R}{\pi^2}\sum_{n=1}^{\infty}\frac{(-1)^{n+1}}{n^2}\cos\frac{n\pi}{R}x\cdot e^{-\frac{an^2\pi^2}{R^2}\tau}\right] \quad (3\text{-}82)$$

考察式（3-82）可以看到，随加热时间的增加，样品各处的温度将发生变化，而且式中的级数求和项由于指数衰减的原因，会随加热时间的增加而逐渐变小，直至所占份额可以忽略不计。

定量分析表明当 $\dfrac{a\tau}{R^2}>0.5$ 以后，上述级数求和项可以忽略，这时式（3-82）变成

$$t(x,\tau)=t_0+\frac{q_c}{\lambda}\left(\frac{a\tau}{R}+\frac{x^2}{2R}-\frac{R}{6}\right) \quad (3\text{-}83)$$

这时，在试件中心处有 $x=0$，因而有

$$t(x,\tau)=t_0+\frac{q_c}{\lambda}\left(\frac{a\tau}{R}-\frac{R}{6}\right) \quad (3\text{-}84)$$

在试件加热面处有 $x=R$，因而有

$$t(x,\tau)=t_0+\frac{q_c}{\lambda}\left(\frac{a\tau}{R}+\frac{R}{3}\right) \quad (3\text{-}85)$$

由式（3-84）和式（3-85）可知，当加热时间满足条件 $\dfrac{a\tau}{R^2}>0.5$ 时，在试件中心面和加热面处温度和加热时间成线性关系，温升速率同为 $\dfrac{aq_c}{\lambda R}$，此值是一个和材料导热性能和实验条件有关的常数，此时加热面和中心面间的温度差为

$$\Delta t=t(R,\tau)-t(0,\tau)=\frac{1}{2}\times\frac{q_c R}{\lambda} \quad (3\text{-}86)$$

由式（3-86）可以看出，此时加热面和中心面间的温度差 Δt 和加热时间 τ 没有直接关系，保持恒定。系统各处的温度和时间是线性关系，温升速率也相同，我们称此种状态为准稳态。

当系统达到准稳态时，由式（3-86）得到

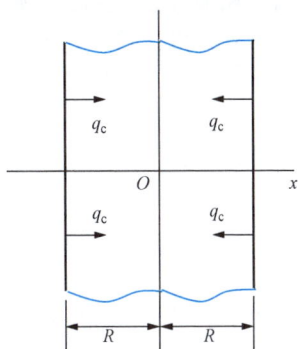

$$\lambda = \frac{q_c R}{2\Delta t} \qquad (3\text{-}87)$$

根据式(3-87),只要测量出进入准稳态后加热面和中心面间的温度差 Δt,并由实验条件确定相关参量 q_c 和 R,则可以得到待测材料的导热系数 λ。

另外在进入准稳态后,由比热容的定义和能量守恒关系,可以得到下列关系式

$$q_c = c\rho R \frac{dt}{d\tau} \qquad (3\text{-}88)$$

比热容为:

$$c = \frac{q_c}{\rho R \dfrac{dt}{d\tau}} \qquad (3\text{-}89)$$

式中,$\dfrac{dt}{d\tau}$ 为准稳态条件下试件中心面的温升速率(进入准稳态后各点的温升速率是相同的)。由以上分析可以得到结论:只要在上述模型中测量出系统进入准稳态后加热面和中心面间的温度差及中心面的温升速率,即可由式(3-87)和式(3-89)得到待测材料的导热系数和比热容。

1.2　热电偶温度传感器

热电偶结构简单,体积小,具有较高的测量准确度,可测温度范围为 $-50 \sim +1600℃$,在温度测量中应用极为广泛。

由 A、B 两种不同的导体两端相互紧密地连接在一起,组成一个闭合回路,如图 3-55(a)所示。当两接点温度不等($T > T_0$)时,回路中会产生电动势,从而形成电流,这一现象称为热电效应,回路中产生的电动势称为热电势。

上述两种不同导体的组合称为热电偶,A、B 两种导体称为热电极。两个接点,一个称为工作端或热端(T),测量时将它置于被测温度场中,另一个称为自由端或冷端(T_0),一般要求测量过程中恒定在某一温度。

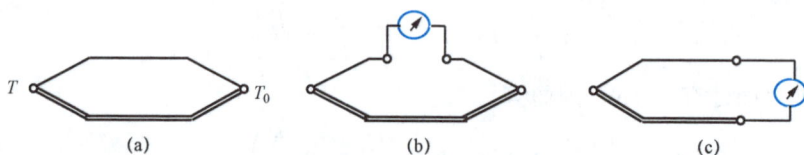

图 3-55　热电偶原理及接线示意图

理论分析和实践证明热电偶的如下基本定律:

热电偶的热电势仅取决于热电偶的材料和两个接点的温度,而与温度沿热电极的分布以及热电极的尺寸与形状无关(热电极的材质要求均匀)。

在 A、B 材料组成的热电偶回路中接入第三导体 C,只要引入的第三导体两端温度相同,则对回路的总热电势没有影响。在实际测温过程中,需要在回路中接入导线和测量仪表,相当于接入第三导体,常采用图 3-55(b)、(c)所示的接法。

热电偶的输出电压与温度并非线性关系。对于常用的热电偶,其热电势与温度的关系由热电偶特性分度表给出。测量时,若冷端温度为 0℃,由测得的电压,通过对应分度表,即可查得所测的温度。若冷端温度不为零度,则通过一定的修正,也可得到温度值。在智能式

测量仪表中，将有关参数输入计算程序，则可将测得的热电势直接转换为温度显示。

【实验内容与步骤】

1.1　实验准备及连线

（1）首先将准备好的成套待测样件装入实验装置，保证中心面样件的热电偶居于样件之间，标签贴纸朝外，并压紧样件（旋紧力度不要太大，避免泡沫隔热层出现较大形变）。

连线前确保放大盒通断开关处于"断"位置。

实验 3.15　准稳态法测量物体导热系数和比热容

（2）热电偶的连接：将保温杯、实验装置放大盒、测试样件的相同颜色插口用对应颜色的线短接起来。

（3）加热电压的连接：将实验装置放大盒的加热电源 DC 接口和测试样件的加热电源 DC 接口连接（通过 BA0070 多芯连接线 DC1.3 插头，长 300mm）起来。

（4）将多功能物理测试仪前面板上的 CH1～CH4 中选取任意 3 个通道通过 BA0069 多芯连接线（8 芯）与放大盒相应接口连接起来（任意连接，无连接顺序）；将多功能物理测试仪"数据通信"和放大盒相应接口通过 BA0051 多芯连接线（3 芯耳机接口）连接起来。

（5）将电源适配器输出接口通过 BA0024 多芯连接线（DC2.1 插头）与实验装置放大盒相应接口连接起来。

1.2　设定加热电压

多功能物理测试仪和电源适配器开机，让仪器预热 10min，通过"加热膜电压调节旋钮"来调节所需要的电压，加热电压：18V。

1.3　定样品的温度差和温升速率

如果显示温差绝对值小于 0.004mV，就可以开始加热了，否则应等显示降到小于 0.004mV 再加热（如果实验要求精度不高，显示在 0.010 左右也可以，但不能太大，以免降低实验的准确性）。

保证上述条件后，将放大盒通断开关置于"通"开始实验（此时多功能物理测试仪开始在表格界面、曲线界面，按设置步距进行数据更新存储，采样步距设置为 60s/次）。

实验中可根据表格、曲线分析系统是否达到准稳态，若达到即可在表格界面摘抄数据到表 3-5 中（一次实验时间最好在 25min 之内完成，一般在 15min 左右为宜）。

表 3-5　　　　　　　　　　导热系数及比热容测定

加热面样件类型			中心面样件类型		
加热面样件编号			中心面样件编号		
加热面热电阻			中心面热电阻		
加热面尺寸			中心面尺寸		
加热面密度			中心面密度		

时间 (min)	加热电压 (V)	加热面热电势 (μV)	中心面热电势 (μV)	温差热电势 V_t (μV)	温升热电势 ($\mu V/min$) $\Delta V = V_n + 1 - V_n$
0					
1					

续表

时间 (min)	加热电压 (V)	加热面 热电势(μV)	中心面 热电势(μV)	温差热电势 V_t(μV)	温升热电势（μV/min） $\Delta V = V_n+1 - V_n$
2					
3					
4					
5					
6					
7					
8					
9					
10					
11					
12					
13					
14					
15					
16					
17					
18					
19					
20					

当完成一次实验，在更换样件进行下一次实验前，请确保上一次的数据记录无误后再将放大盒通断开关置于"通"，此时会对上一次的数据进行清零（针对表格显示界面和曲线显示界面）。

【数据处理】

（1）计算物体的导热系数和比热容。

导热系数 $\lambda = \dfrac{q_c R}{2\Delta t}$；比热容 $c = \dfrac{q_c}{\rho R \dfrac{dt}{d\tau}}$。

上式中，R 为样品厚度 R（约 0.01m）；ρ 为试件密度（有机玻璃约为 1196kg/m³，橡胶约为 1374 kg/m³）。q_c 为热流密度［公式为 $q_c = \dfrac{AV^2}{2Sr}$（W/m²），式中 V 为两并联加热器的加热电压，S 为加热膜面积（约 0.09×0.09m²），A 为修正系数（代表有效的电热转换系数），该实验中取为 $A = 0.91$，r 为两个加热膜热电阻均值（约 110Ω），分母中的 2 代表加热膜向两侧加温］。

（2）从样件标签上读取（均值），再代入计算。

铜 - 康铜热电偶的热电常数为 0.04mV/K，即温度每差 1℃，温差热电势为 0.04mV。据此可将温度差和温升速率的电压值换算为温度值。

$$温度差 \Delta t = \frac{V_t}{0.04} \text{（K）}, \quad 温升速率 \frac{dt}{d\tau} = \frac{\Delta V}{60 \times 0.04} \text{（K/s）}。$$

【注意事项】

（1）热物性数据有的影响因素少，有的影响因素多，该实验中比热容只与背景温度和成分相关；但导热系数情况就比较复杂，还会受到各种微观结构的影响，也就是包括产品组分、生产工艺、背景温度等情况。该实验的目的是提供一种比热容、导热系数的测量方法，请重点关注系统的测试条件、系统达到准稳态时的特征。

（2）连线前确保放大盒通断开关处于"断"位置——通断开关一定要最后操作，否则样件错误加热后需要较长时间冷却。

【思考题】

1. 物质比热容定义是什么？

2. 准稳态法比热容·导热系数测定仪结构包括哪几部分？

第 4 章　设计及研究性实验

实验 4.1　自组直流单臂电桥测电阻

　　电桥是采用比较法测量的测量仪器，可以用来测量电阻、电容、电感等多种物理量，测量精度比较高。电桥主要分为直流电桥和交流电桥两大类，交流桥可以用来测量电容、自感、互感等。直流电桥主要分为单电桥（惠斯通电桥）和双电桥（开尔文电桥），主要用来测量电阻。两种电桥的测量范围不同，单电桥可测量 $10 \sim 10^8\,\Omega$ 范围内的电阻，双电桥可测量 $10\,\Omega$ 以下的低电阻。惠斯通电桥是电桥中最简单的一种，是掌握其他电桥的基础。

【实验任务】

（1）搭建直流单臂电桥实验电路并测量电阻的阻值。

（2）利用多功能电桥测量电阻阻值。

【实验仪器】

　　直流稳压电源、电阻箱、滑线式变阻器、指针式检流计、换向开关、倍率开关、DHQJ-5 型教学用多功能电桥、待测电阻。

【实验设计要求】

（1）掌握直流单臂电桥测电阻的工作原理。

（2）根据实验任务完成实验电路的设计并给出理论依据。

（3）根据实验室的条件及提供的实验仪器进行设计，实验方案要切实可行。

【设计报告要求】

（1）写出实验理论依据，如原理、公式等。

（2）画出实验电路图。

（3）写出具体的实验操作步骤。

（4）数据记录表格、实验数据的处理过程。

（5）误差分析，讨论实验过程中遇到的问题。

（6）实验结果的表示要正确。

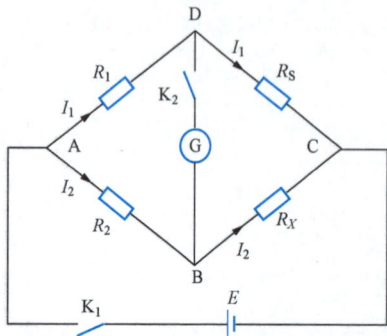

图 4-1　直流单臂电桥原理图

【实验提示】

1. 直流单臂电桥（惠斯通电桥）工作原理

　　所谓电桥，就是由四个电阻组成一个四边形，每一个电阻充当一个边，四边形的对角线称为桥路。其中在一个桥上连接电源，在另一个桥上连接一个检流计。它的基本电路如图 4-1 所示。

　　惠斯通电桥是最常用的直流电桥，其中 R_1、R_2 称为比率臂，R_S 称为比较臂，R_X 为待测电阻。E 为电源，G 为检流计，K 为电路电源开关，K_g 为检流计保护开关。当合上开关 K 时，各臂及桥上都可能有电流流过，但如果通过调整各个桥臂上电阻的阻值（一般是通过调整 R_S 的阻值），使得桥路 BD 中没有电流流过（检流计指零），即电桥达到平衡状态，此时，B、D 两点的电位相等，则根据欧姆定律有

$$U_{AD} = U_{AB}$$
$$U_{DC} = U_{BC}$$

即

$$I_1 R_1 = I_2 R_2 \tag{4-1}$$
$$I_1 R_S = I_2 R_X \tag{4-2}$$

由式（4-1）和式（4-2）有

$$\frac{R_1}{R_S} = \frac{R_2}{R_X} \tag{4-3}$$

即

$$R_X = \frac{R_1}{R_2} R_S = K R_S \tag{4-4}$$

其中 K 称为比率臂比值或倍率。用惠斯通电桥测电阻的基本思想是：将未知电阻直接同标准电阻相比较，测量未知电阻的阻值。

调整电桥达到平衡状态的方法有两种：①保持比较臂 R_S 不变而调整比率臂比值 K；②取比率臂比值 K 为某一定值而调整比较臂 R_S；一般多采用后一种方法。

由于 R_1、R_2 的阻值可能存在制造上的误差，使所选的 K 值与实际不符而产生系统误差，可以用互换法来消除：当取倍率 K_1 时，电桥达到平衡后有

$$R_{X1} = K_1 \cdot R_{S1} \tag{4-5}$$

如将 R_X 与 R_S 互换位置或将 R_1、R_2 的位置互换，则有

$$K = \frac{1}{K_1}$$

再次调整电桥达到平衡，则

$$R_{X2} = \frac{1}{K_1} \cdot R_{S2}$$

由于

$$R_X = R_{X1} = R_{X2} \tag{4-6}$$

所以

$$R_X = \sqrt{R_{S1} \cdot R_{S2}} \tag{4-7}$$

一般规定，"与未知电阻 R_X 串联的电阻／与比较臂 R_S 串联的电阻"的比值为倍率 K；在应用互换法时，应保持 R_1、R_2 的阻值不变。

在实验中电桥是否平衡是依据检流计有无偏转来判定的，但检流计的灵敏度总是有限的。当选取电桥的 $R_1 = R_2$，并且在检流计的指针指零时，可得 $R_X = R_0$。如果此时将 R_0 作微小改变 ΔR_0（改变 R_X 效果相同，但实际上 R_X 是不能改变的），电桥就应失去平衡，从而应有一个微小的电流 I_g 流过检流计，如果它小到不能使检流计发生可以觉察的偏转，我们会认为电桥仍然是平衡的，因而得出 $R_X = R_0 + \Delta R_0$，ΔR_0 就是检流计灵敏度不够而引起的 R_X 的测量误差 ΔR_X。对此，引入电桥的灵敏度 S 予以说明，它定义为

$$S = \frac{\Delta n}{\dfrac{\Delta R_0}{R_0}}$$

ΔR_0 是电桥平衡后对 R_0 的微小改变量，而 Δn 则是由于电桥偏离平衡而引起的检流计指针偏转的格数，分母 $\Delta R_0 / R_0$ 表示 R_0 的相对改变。S 的单位是格，它表示 R_0 改变百分之

一可使检流计指针偏转的格数。S 值越大，检流计的灵敏度越高。S 的大小与检流计的结构性质、测量的阻值大小和外加电动势都有关。

电桥测电阻的误差主要由两方面因素决定：一是 R_1、R_2、R_S 本身的误差；二是电桥的灵敏度。

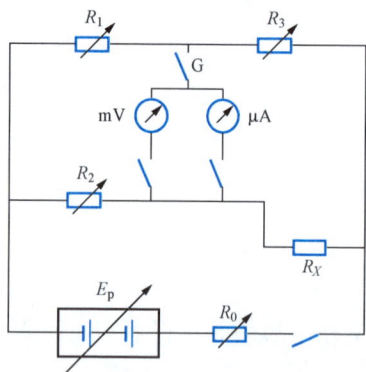

图 4 - 2　单臂电桥工作方式简化图

2. DHQJ - 5 型教学用多功能电桥的使用

DHQJ - 5 型教学用多功能电桥是一种多功能电桥，能够进行单臂电桥、双臂电桥、非平衡电桥、功率电桥的应用，本实验中主要利用单臂桥的功能。一般经常用于中值电阻的测量，即

$$R_X = \frac{R_2}{R_1} R_3$$

其工作方式如图 4 - 2 所示。

单臂电桥操作步骤：

（1）工作方式开关选择"单桥"挡。

（2）选择工作电源电压 3V 或 6V。

（3）根据 R_X 值估计值，选择量程倍率，设置好 R_1、R_2 值和 R_3 值，将未知电阻 R_X 接入 R_X 接线端子；注意 R_X 端子上方短接片应接好。

实验 4.1　自组直流单臂
电桥测电阻

（4）打开仪器电源开关、面板指示灯亮。

（5）选择毫伏表作为仪器检流计，量程置"2mV"挡，"接入"按键不要按下，调节"调零"旋钮，将毫伏表表调零，调零后将量程转入 200mV 量程，按下"接入"按键（也可以选择微安表作检流计，但两者不同时使用）。

（6）调节 R_3 各盘电阻，粗平衡后，可以选择 20mV 或 2mV 挡，细调 R_3 位使电桥平衡。

（7）将所测数据写入自设数据表格。

【思考题】

1. 直流单臂电桥测量电阻的原理是什么？如何判断电桥平衡？

2. 根据灵敏度的概念，如何能够提高电桥的灵敏度？

3. 分析滑线变阻器 R_n 在测量中所起的作用？

4. 当电桥达到平衡后，若互换电源与检流计的位置，电桥是否仍保持平衡？为什么？

5. 自组直流单臂电桥实验中，检流计指针总向一边偏转的可能原因有几种？

实验 4.2　单 摆 的 设 计 与 研 究

单摆实验是一个经典实验，许多著名的物理学家，如伽利略、惠更斯等都对单摆实验进行过细致的研究。本实验的目的是根据已知条件和测量精度的要求，学会应用误差均分原则选用适当的仪器和测量方法，学习累计放大法的原理和应用，分析基本误差的来源及修正方法。

【实验任务】

搭建单摆的实验装置并测量当地的重力加速度。

【实验仪器】

支架、细线、带有小孔的金属小球、游标卡尺、千分尺、米尺、秒表。

【实验设计要求】

（1）根据误差均分原理，设计实验方案，合理选择测量仪器和方法，测量重力加速度 g。

（2）对重力加速度 g 的测量结果进行数据处理和误差分析，检验实验结果是否达到设计要求。

【设计报告要求】

（1）写出实验理论依据，如原理、公式等。

（2）搭建单摆的实验装置。

（3）写出具体的实验操作步骤。

（4）数据记录表格、实验数据的处理过程。

（5）误差分析，讨论实验过程中遇到的问题。

（6）实验结果的表示要正确。

【实验提示】

单摆运动如图 4-3 所示，根据牛顿第二定律，单摆切向运动公式为

$$-mg\sin\theta = m\frac{\mathrm{d}^2\theta}{\mathrm{d}t^2}L \qquad (4-8)$$

式中：m 为摆球质量；L 为摆线有效长度。整理得

$$\frac{\mathrm{d}^2\theta}{\mathrm{d}t^2} + \frac{g}{L}\sin\theta = 0 \qquad (4-9)$$

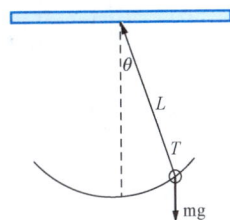

图 4-3　单摆运动示意图

当 $\theta < 5°$ 时，$\sin\theta \approx \theta$，得到

$$\frac{\mathrm{d}^2\theta}{\mathrm{d}t^2} + \frac{g}{L}\theta = 0 \qquad (4-10)$$

即简谐振动方程为

$$\frac{\mathrm{d}^2x}{\mathrm{d}t^2} = -x\omega^2 \qquad (4-11)$$

因此

$$\omega = \sqrt{\frac{g}{L}}$$

$$T = 2\pi\sqrt{\frac{L}{g}}$$

$$g = 4\pi^2\frac{L}{T^2} \qquad (4-12)$$

所以，测出单摆运动周期和摆线长度即可计算出重力加速度。

实验 4.3　利用气垫导轨测重力加速度

重力加速度是一个重要的地球物理常量，它与地球上各个地区的经纬度、海拔高度以及地下资源的分布有关。准确测量地球各点的绝对重力加速度值，对国防建设、经济建设和科

学研究有着十分重要的意义。

【实验任务】

测定本地区的重力加速度 g。

【实验仪器】

气垫导轨，弹簧，滑块，砝码，天平，气源，数字毫秒计。

1. 导轨

导轨由一根长度约为 1.5m 的三角形铝管制成，其一端用堵头封死，另一端装有进气嘴。在铝管相邻的两个侧面上，钻有两排等距离的喷气小孔，小孔直径约为 0.4mm，当压缩空气进入管腔后，就从喷气小孔喷出。压缩空气由气泵供给。气垫导轨如图 4-4 所示。

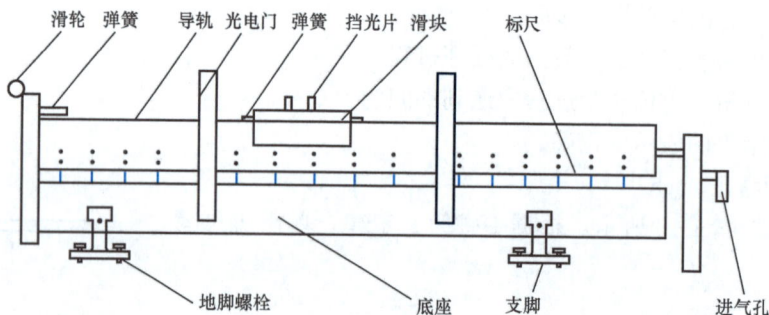

图 4-4 气垫导轨

2. 滑块

滑块由长约 20cm 的角铝制成，其内表面与导轨的两个侧面精确吻合，滑块可以"漂浮"在气垫上，自由滑动。滑块上面还附有用来测量时间间隔的挡光片。

3. 光电门

光电门由红外线发射管（或用小灯泡）和光敏管组成，利用光敏管受光照和不受光照时的电位变化，产生电脉冲来控制数字毫秒计"计"和"停"，进行计时。

4. 垫块

垫块用以改变气垫导轨斜度，根据不同要求，可将不同厚度的垫块放在导轨的单脚调节螺丝下，构成不同坡度的斜面。

5. 数字毫秒计（见图 4-5）

本机可用光电信号控制计时和停时。用光控制，有 S_1、S_2 两种计时方式。使用 S_1 挡，记录遮光时间，即光断计时，光通停计；使用 S_2 挡，记录两遮光信号的时间间隔，即第一次遮光计时，第二次遮光停计。自动复位和手动复位是指数码管显示的数字恢复为零的方式。

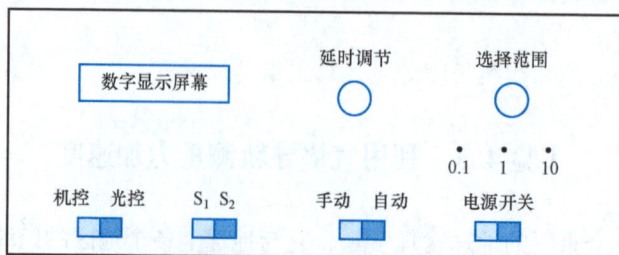

图 4-5 数字毫秒计

【实验设计要求】

利用实验室给出的实验仪器，自行设计实验方案，完成实验任务。

（1）简述利用气垫导轨测重力加速度的实验原理，写出计算公式。

（2）拟出实验具体操作步骤。

（3）列出数据表格，进行测量。

（4）进行数据处理，算出本地重力加速度的结果，并与理论计算值进行比较。

【设计报告要求】

（1）写出利用气垫导轨测重力加速度的理论依据，如原理、公式等。

（2）写出具体的实验操作步骤。

（3）数据记录表格、实验数据的处理过程。

（4）分析误差产生的原因，讨论实验过程中遇到的问题。

（5）实验结果的表示要正确。

【实验提示】

1. 气垫导轨法测量重力加速度

物体（滑块）在气垫导轨的斜面上运动，如图 4 - 6 所示，其运动加速度为

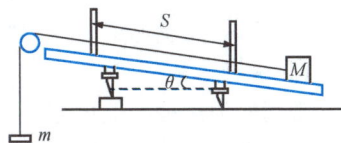

图 4 - 6　实验装置

$$a = g\sin\theta$$

式中：θ 为导轨与水平面的夹角。θ 的正弦值可以根据装置的几何配置获得，即 $\sin\theta = \dfrac{h}{l}$。其中，$h$ 为垫块的高度，l 为两端底角螺丝间的距离。

加速度 a 的获得：可以通过用数字毫秒计测出滑块通过两个光电门的速度 $\Delta l / \Delta t$（Δl 为挡光板的宽度，Δt 为挡光板通过光电门的时间），进而求出加速度 a。

2. 重力加速度的理论值计算

$$g_{理论} = 980.616 - 2.5928\cos\varphi + 0.069\cos2\varphi - 3.086H \times 10^{-6}(\text{cm/s}^2)$$

式中：φ 为所在地区的纬度；H 为所在地区的海拔。

沈阳地区：纬度 $\varphi = 41°46'$，海拔 $H = (40 \pm 10)\text{m}$，$g = 9.786716(\text{m/s}^2)$。

【注意事项】

（1）导轨面不允许磕碰，否则将破坏导轨的精度。不清洁处可用酒精擦拭。

（2）滑块内表面光洁度较高，严禁划伤、碰损，更不可掉到地面上摔变形。

（3）导轨不通气时，不准许将滑块放在导轨上来回滑动。应先通气后再轻轻放滑块。安放遮光片或砝码时应将滑块取下脱离气轨操作。实验完毕后应轻轻取下滑块后再关闭气泵。

（4）气泵不宜长时间连续工作。

【思考题】

分析这种实验方法的优缺点。

实验 4.4　自组望远镜

【实验任务】

利用实验室给出的实验仪器，自行设计实验方案，组装伽利略型望远镜或开普勒型望远

镜，并测量其放大率。

【实验仪器】

光学平台及附件。

【实验设计要求】

（1）了解透镜成像规律。

（2）掌握望远镜工作原理。

（3）学习望远镜放大率的测量方法。

【设计报告要求】

（1）写出实验理论依据，如原理、公式等。

（2）画出实验光路图。

（3）写出具体的实验操作步骤。

（4）数据记录表格、实验数据的处理过程。

（5）误差分析，讨论实验过程中遇到的问题。

（6）实验结果的表示要正确。

【实验提示】

常用的望远镜一般可分为伽利略型望远镜和开普勒型望远镜两种。伽利略型望远镜的物镜是凸透镜，其目镜是凹透镜，其光路如图 4-7 所示。开普勒型望远镜的物镜和目镜都是凸透镜，其光路如图 4-8 所示。

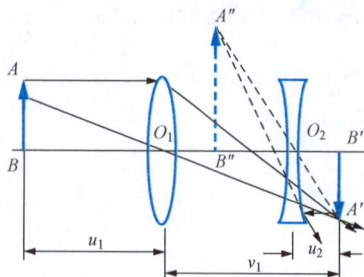

图 4-7　伽利略型望远镜光路　　　　图 4-8　开普勒型望远镜光路　　　　实验 4.4　自组望远镜

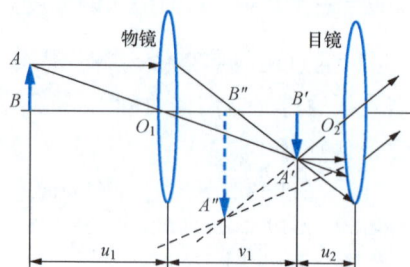

在望远镜中，物镜通常是复合的消色差正透镜，焦距很长，目镜实际上也是一组透镜，起放大镜的作用。物镜的像方焦平面与目镜的物方焦平面重合，即两个透镜的光心间距等于两个透镜焦距的代数和。

远处的物经过物镜在物镜的后焦面附近成一缩小的倒立实像，目镜把这个倒立的实像再次放大成倒（正）立的虚像，虚像的位置距离目镜约等于明视距离（25cm），眼睛贴近目镜观察，就可以看到远方的物的放大像。

用望远镜观察不同位置的物体时，只需调节物镜和目镜的相对位置，使中间实像落在目镜物方的焦平面上，这就是望远镜的"调焦"。

望远镜的放大作用一般用视角放大率 m 来描述，视角放大率 m 是像对眼睛的张角和不用望远镜时远处的物对眼睛的张角的比值。理论上可以推导出望远镜的视角放大率 m 为

$$m = \frac{f_1}{f_2} \tag{4-13}$$

即望远镜的角放大率仅仅取决于物镜与目镜的焦距之比。

由图 4-7 和图 4-8 可得出望远镜的计算放大率为

$$m = \frac{u_1 + v_1 + u_2}{u_1 u_2} v_1 \qquad\qquad (4-14)$$

【思考题】

1. 自组装望远镜的关键问题是什么?

2. 望远镜的放大率与哪些因素有关?

3. 如果提高望远镜的放大率?

实验 4.5 自组透射式幻灯机

【实验任务】

利用实验室给出的实验仪器,自行设计实验方案,完成组装透射式幻灯机的实验任务。

【实验仪器】

光学平台及其附件。

【实验设计要求】

(1)掌握透射式幻灯机的工作原理。

(2)根据实验任务完成实验光路的设计并给出理论依据。

(3)根据实验室的条件及提供的实验仪器进行设计,实验方案要切实可行。

【设计报告要求】

(1)写出实验理论依据,如原理、公式等。

(2)画出实验光路图。

(3)写出具体的实验操作步骤。

(4)数据记录表格、实验数据的处理过程。

(5)误差分析,讨论实验过程中遇到的问题。

(6)实验结果的表示要正确。

【实验提示】

了解幻灯机的原理和聚光镜的作用,掌握对透射式投影光路系统的调节。

(1)幻灯机能将图片的像放映在远处的屏幕上,但由于图片本身不发光,所以要用强光照亮图片。因此,幻灯机的构造总是包括聚光和成像两个主要部分,在透射式的幻灯机中,图片是透明的。成像部分主要包括物镜 L、幻灯片 P 和远处的屏幕。为了使物镜能在屏上产生高倍放大的实像,P 必须放在物镜 L 的物方焦平面外很近的地方,使物距稍大于 L 的物方焦距。参考光路及参考数据如图 4-9 所示。

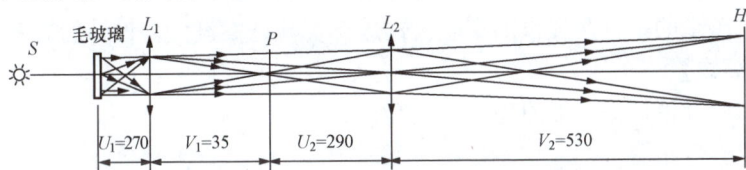

图 4-9 投射式幻灯机光路

（2）聚光部分主要包括很强的光源（通常采用溴钨灯）和透镜 L_1、L_2 构成的聚光镜。聚光镜的作用是：一方面，要在未插入幻灯片时，能使屏幕上有强烈而均匀的照度，并且不出现光源本身结构（如灯丝等）的像；一经插入幻灯片后，能够在屏幕上单独出现幻灯图片的清晰的像；另一方面，聚光镜要有助于增强屏幕上的照度。因此，应使从光源发出并通过聚光镜的光束能够全部到达像面。

为了这一目的，必须使这束光全部通过物镜 L，这可用所谓"中间像"的方法来实现。即聚光器使光源成实像，成实像后的那些光束继续前进时，不超过透镜 L 的边缘范围。光源的大小以能够使光束完全充满 L 的整个面积为限。聚光镜焦距的长短是无关紧要的。通常将幻灯片放在聚光镜前面靠近 L_2 的地方，而光源则置于聚光镜后 2 倍于聚光镜焦距之处。聚光镜焦距等于物镜焦距的一半，这样从光源发出的光束在通过聚光器前后是对称的，而在物镜平面上光源的像和光源本身的大小相等。

放映物镜的焦距为

$$f_2 = \frac{M}{(M+1)^2 \times D_2} \tag{4-15}$$

聚光镜的焦距为

$$f_1 = \frac{D_1}{(M+1)} - \frac{D_1}{(M+1)^2} \tag{4-16}$$

其中

$D_2 = U_2 + V_2$，$D_1 = U_1 + V_1$，$M_i = \dfrac{V_i}{U_i}$（$i = 1,\ 2$）为像的放大率，$f_i = \dfrac{U_i V_i}{U_i + V_i}$（$i = 1,\ 2$）

【思考题】

1. 放映时，幻灯片是如何放置在幻灯机光路中的？是正立还是倒立？
2. 聚光镜与放映物镜的焦距，哪个大？为什么？

实 验 4.6 　电 表 的 改 装

【实验任务】

（1）将微安表改装成毫安表。
（2）校正改装的电表并确定改装表的等级。

【实验仪器】

待改装的微安表、标准毫安表、直流稳压电源、电阻箱、滑线变阻器、开关、导线。

【实验设计要求】

（1）掌握微安表改装成毫安表的工作原理。
（2）根据实验任务完成实验电路的设计并给出理论依据。
（3）根据实验室的条件及提供的实验仪器进行实验方案设计，设计的方案要切实可行。

【设计报告要求】

（1）写出实验理论依据，如原理、公式等。
（2）画出实验电路图。
（3）写出具体的实验操作步骤。
（4）数据记录表格、实验数据的处理过程。

（5）误差分析，讨论实验过程中遇到的问题。

（6）实验结果的表示要正确。

【实验提示】

1. 原理

用来扩程的微安表习惯上称为表头，因为它的满刻度电流（量程）I_g很小，所以在使用表头测量较大电流之前，必须扩大它的电流量程。扩大量程的方法是用表头与一较低阻值的电阻 R 并联，使流过表头的电流是总电流的一部分。表头与并联电阻 R 所组成的整体就是改装后的毫安表。

图 4-10 所示为用量程为 I_g、内阻为 R_g 的表头改成的量程为 I 的毫安表。当表头满刻度时，由欧姆定律有为

$$I_g R_g = (I - I_g)R$$

解得

$$R = \frac{I_g}{I - I_g} R_g = \frac{1}{n-1} R_g \qquad (4-17)$$

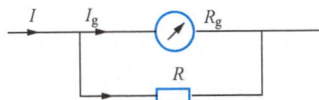

图 4-10　毫安表

式中：n 为电流表的扩程倍数，选用不同大小的 R 可以得到不同量程的微安表。

2. 微安表内阻的测定

由电表的扩程原理可知，将表头改装成毫安表时，必须知道表头的内阻 R_g 的大小。表头内阻的测定方法很多，常用的有以下两种方法：

（1）电桥法。如图 4-11 所示，取 $R_1 = R_2$，R_0 为电阻箱。调节滑线变阻器 RP 使电表 G 中有电流通过，然后调节 R_0，使 K_2 无论闭合还是断开，G 中电流都不发生变化，这时有

$$R_g = \frac{R_1}{R_2} R_0$$

（2）替代法。如图 4-12 所示，先将滑动变阻器 RP 的分压调至零，开关 K_2 与位置 1 相连，闭合开关 K_1，适当调节 RP 的阻值，使微安表的指针偏转到满刻度的 2/3 处，然后将开关 K_2 置于位置 2 处，调节电阻箱 R_0，使微安表指针仍指在满刻度 2/3 处，此时 R_0 的读数即为待测表的内阻 R_g 值。

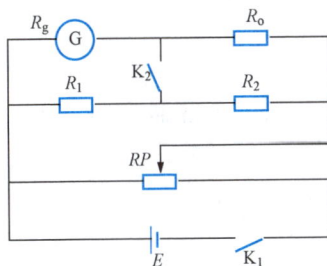

图 4-11　电桥法示意

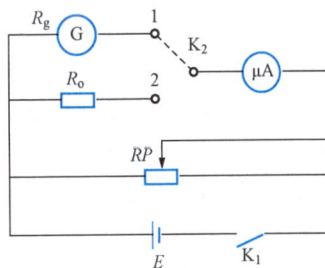

图 4-12　替代法示意

3. 改装表的校正

表头被改装以后，原来的表盘就不适用了，应该重新标度量程和确定电表等级。根据磁电式电表良好的线性特性，可以利用原来的刻度，只重新确定分格常数和进行校准即可。校准电路如图 4-13 所示。

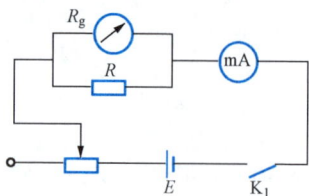
图 4-13　校准电路

电表的校准通常使用比较法，即用标准表和待测表同时测量同一物理量，取得标准表的读数和待校表的读数，然后进行比较。一般地，标准表的精度至少要比待校表高一个准确度等级。

校表时，必须先调好零点，再校正量限（满刻度点）。若量限不对，可调节 R_0，得量限与标准表指示一致。校正刻度指针时要同时记下改装表和标准表的读数（分别为 I_x 和 I_s），从而得到刻度的修正值 $\Delta I = I_s - I_x$，以 ΔI 为纵坐标，I_x 为横坐标，各个校准点之间用直线连接，即得到校正曲线。以后使用这个电表时可以根据校正曲线对测量值作出修正，以便得到较高的准确度。

4. 改装表的等级计算

电表的准确度等级是国家对电表规定的质量指标，是由电表量程和它的最大绝对误差决定的，用校准后的电表各个刻度绝对误差的最大值除以量程，并以百分数表示即为该电表的等级，即

$$电表的等级 = \frac{最大的绝对误差}{量程} \times 100\%$$

电表的等级常用一个圆圈标在电表的面板上，例如 ⓪.5 表示该表为 0.5 级。符合 DL/T 1473—2016《电测量指示仪表检定规程》标准的电表，等级划分为 0.1、0.2、0.5、1.0、1.5、2.0、2.5、5.0、10、20 十个等级，电表的等级表明了电表的准确度。

【课后讨论题】

试设计将 $100\mu A$ 表头改装成 1V 的电压表的实验方案。

实验 4.7　直流稳压电源的设计与制作

【实验任务】

（1）设计并制作出电压可调节的实用型直流稳压电源。

（2）输出电压尽可能平稳并可调，利用此输出电压能使收音机工作，直流电动机正常旋转。

【实验仪器】

调压器（一台）、变压器（15V 输出）、直流电压表、电容器（$1000\mu F$ 2 个，$0.1\mu F$ 1 个）、滑线式变阻器、可调电位器（220Ω 1 个）、二极管（1N4007）、三端可调稳压集成电路（LM317T）、电阻（150Ω、470Ω 各 1 个）、万能电路板（选用）。

【实验设计要求】

（1）熟悉直流稳压电源的构造和工作原理。

（2）掌握直流稳压电源的制作技术及调节使用方法。

（3）学习电路设计、元件选择、焊接技术等。

【设计报告要求】

（1）写出实验理论依据，如原理、公式等。

（2）画出实验电路图。

（3）写出具体的实验操作步骤。

（4）数据记录表格、实验数据的处理过程。

（5）误差分析，讨论实验过程中遇到的问题。

（6）结合本实验的实验过程写心得体会。

【实验提示】

直流稳压电源的总体方案方框图如图 4 - 14 所示。

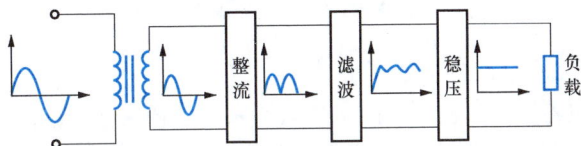

图 4 - 14 总体方案框图

1. 组装的简要过程

首先将 220V 的交流电压输入变压器，在变压器的输出端输出有效值略高于稳压电源输出电压的交流电压，并把此电压输入由四个二极管组成的桥式整流电路的输入端；桥式整流电路输出的脉动直流电压再利用电容器（1000μF 以上）滤波，获得纹波较小的直流电压输出。此时输出的直流电压就可以应用于使收音机工作、向蓄电池充电等。如果要使输出的直流电压质量更好些（纹波小、更稳定），可再利用三端可调稳压集成电路进行稳压调整，从而获得高质量、可调节的直流电压输出，使电源的使用效果更好。

2. 实验原理

（1）整流电路：整流电路的任务是将经过变压器降压后输出的交流电压转变为脉动的直流电压。桥式整流电路是最为常见的整流电路，桥式整流电路如图 4 - 15 所示。

（2）滤波电路：经桥式整流后所输出的直流脉动电压，虽然保持电压的方向不变，但是电压的大小变化却很大，不能满足实用要求。通过对其滤波，可以使此电压的起伏变化减小，输出的电压曲线变得更平滑，至此，输出的直流电压就可以满足一些用电器的需求了。常见的滤波电路有：电容滤波电路和 π 滤波电路等，如图 4 - 16 所示。

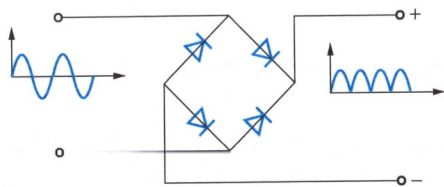

图 4 - 15 桥式整流电路

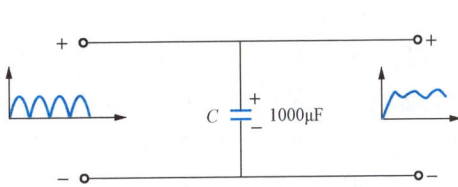

图 4 - 16 滤波电路

（3）稳压电路：尽管滤波后的直流电压可以满足一些用电器的使用要求，但是其电压的特性还是不够平稳（电压忽大忽小，且有大小不可忽略的纹波），不能满足对电压质量要求更高的电器设备的供电需求。为使输出的电压更稳定，本实验采用三端可调稳压集成电路 LM317T 来实现稳定电压和输出电压的调节。稳压电路如图 4 - 17 所示。

三端可调稳压集成电路的三个管脚：管脚 1 为调整端，管脚 2 为输出端。滤波后的直流电压由脚 3 输入，稳压后的直流电压由脚 2 输出，调整脚 1 的电位（通过调节电位器 R_2 来

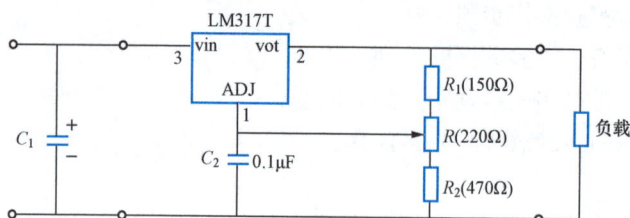

图 4 - 17   稳压电路

实现），就可以改变脚 2 所输出的电压了。

当然通过调节电位器 R_2 实现脚 1 电位的调整来改变脚 2 所输出的电压，调节的范围有限，有时不能满足实用要求，为此需要读者来设计一种方案，使输出电压可以在比较大的范围内实现连续调整。

3. 操作

实际的直流稳压电源是由具有各项功能的各个单元电路组合而成的。上面所介绍的各种单元电路，参考总体方框图，把它们组合起来，经过合理的排列，组装焊接，就可以成为一个具有实用功能的稳压电源。

在组装前应画出电路的原理图、参考电路板画出电路的元件布线图，元件的布线图要注意安排好各元件的位置，遵循"就近及布局合理"的原则，经确认电路无误后再进行焊装。

焊接技术是电路板制作的基本功，焊接的好坏直接关系到电子产品或制作品的质量。为了确保焊点有一定的强度和导电性能良好，要求焊点要无虚焊、不松动、焊点要大小合适、表面要光滑、清洁、无毛刺。在焊接的过程中一定要控制好加热时间，避免因加热时间过长而烧坏元件，又要避免时间过短出现虚焊。

要熟悉所要焊制的电路板装配图，按图纸选择元件并检查其好坏，规格、型号是否符合图纸的设计要求。元件应按先小后大，整体电路按从前到后一个单元电路、一个单元电路的顺序来完成焊接。每焊完一个单元电路，都要对其测试，确保它的正常工作，避免整体电路全部焊接完毕后，出现大面积的故障而无从着手排除。焊接前要对被焊接物清污，避免被焊物不易粘锡。

4. 电路的调试

所焊制的电源电路如果存在着错误，可能会导致事故，因此在电路的制作过程中和制作完毕后，都必须认真检查，确认无误后，方能通电调试。

把通过变压、整流、滤波、稳压后所得的直流电压输出与直流电压表连接，然后旋转可调电阻器 R，观察电压表的电压变化情况，记录最大电压值和最小电压值。通过相应的调节，使输出的电压达到实验要求，用它来使收音机工作，直流电动机旋转。至此，小型实用稳压电源的制作任务基本完成。

【思考题】

1. 所制作的直流稳压电源输出的电压，可以通过电阻 R 的调节来改变，但变化的范围不是很大，为使输出的电压可调节的范围扩大一些，应采取什么样的措施？

2. 结合本实验的实验过程写心得体会。

附录　物理常数表

附表1　　　　　　　　　　　　　　　　　　SI 基本单位

量的名称	单位名称	单位符号	量的名称	单位名称	单位符号
长度	米	m	热力学温度	开〔尔文〕	K
质量	千克（公斤）	kg	物质的量	摩〔尔〕	mol
时间	秒	s	发光强度	坎〔德拉〕	cd
电流	安〔培〕	A			

附表2　　　　　　　　包括 SI 辅助单位在内的具有专门名称的 SI 导出单位

量的名称	单位名称	单位符号	其他表示形式
〔平面〕角	弧度	rad	1
立体角	球面度	sr	1
频率	赫〔兹〕	Hz	s^{-1}
力	牛〔顿〕	N	$kg \cdot m/s^2$
压力、压强；应力	帕〔斯卡〕	Pa	N/m^2
能量，功，热〔量〕	焦〔耳〕	J	$N \cdot m$
功率；辐射通量	瓦〔特〕	W	J/s
电荷〔量〕	库〔仑〕	C	$A \cdot s$
电位；电压；电动势	伏〔特〕	V	W/A
电容	法〔拉〕	F	C/V
电阻	欧〔姆〕	Ω	V/A
电导	西〔门子〕	S	A/V
磁通〔量〕	韦〔伯〕	Wb	$V \cdot s$
磁通〔量〕密度、磁感应强度	特〔斯拉〕	T	Wh/m^2
电感	亨〔利〕	H	Wh/A
摄氏温度	摄氏度	℃	
光通量	流〔明〕	lm	$cd \cdot sr$
〔光〕照度	勒〔克斯〕	lx	Lm/m^2
放射性活度	贝可〔勒尔〕	Bq	s^{-1}
吸收剂量；比授〔予〕能；比释能	戈〔瑞〕	Gy	J/kg
剂量当量	希〔沃特〕	Sv	J/kg

附表 3　　　　　　　　　　　　**国家单位制以外的我国法定计量单位**

物理量的名称	单位名称	单位符号	用 SI 导出单位表示
时间	分	min	$1min=60s$
	小时	h	$1h=60min=3600s$
	天（日）	d	$1d=24h=86400s$
［平面］角	［角］秒	$''$	$1''=(\pi/64800)$ rad（π 为圆周率）
	［角］分	$'$	$1'=60''=(\pi/10800)$ rad
	度	°	$1°=60'=(\pi/180)$ rad
转速	转每分	r/min	$1r/min=(1/60)\ s^{-1}$
质量	吨	t	$1t=10^3 kg$
	原子质量单位	u	$1u\approx1.660540\times10^{-27} kg$
体积	升	L	$1L=1dm^3=10^{-3} m^3$
能	电子伏	eV	$1eV\approx1.6021892\times10^{-19}J$
级差	分贝	dB	
线密度	特［克斯］	tex	$1tex=1g/km$
面积	公顷	Hm²	$1hm^2=10^4 m^2$

附表 4　　　　　　　　　　　　**SI 词 头**

所表示的因数	词头名称	词头符号	所表示的因数	词头名称	词头符号
10^{18}	艾［克萨］	E	10^{-1}	分	d
10^{15}	拍［它］	P	10^{-2}	厘	c
10^{12}	太［拉］	T	10^{-3}	毫	m
10^{9}	吉［咖］	G	10^{-6}	微	μ
10^{6}	兆	M	10^{-9}	纳［诺］	n
10^{3}	千	k	10^{-12}	皮［可］	p
10^{2}	百	h	10^{-15}	飞［母托］	f
10^{1}	十	da	10^{-18}	阿［托］	a

附表 5　　　　　　　　　　　　**基 本 物 理 常 数**

量的名称	名称	数值	单位	不确定度（$\times10^{-6}$）
真空中的光速	c	299792458	$m\cdot s^{-1}$	（精确）
真空磁导率	μ_0	$4\pi\times10^7$	$N\cdot A^{-2}$	（精确）
真空电容率	ε_0	$8.854187817\times10^{-12}$	$F\cdot m^{-1}$	（精确）
普朗克常量	h	$6.6260755(40)\times10^{-34}$	$J\cdot s$	0.60
万有引力常量	G	$6.67259(85)\times10^{-11}$	$N\cdot m^2\cdot kg^{-2}$	128
基本电荷	e	$1.60217733(49)\times10^{-19}$	C	0.30
电子荷质比	$-e/m_e$	$-1.75881962(53)\times10^{-11}$	$C\cdot kg^{-1}$	0.30
原子质量单位	u	1.6605655×10^{-27}	kg	

量的名称	名称	数值	单位	不确定度（×10⁻⁶）
电子静止质量	m_e	9.1093897（54）×10⁻³¹	kg	0.59
质子静止质量	m_p	1.6726231（10）×10⁻²⁷	kg	0.59
精细结构常数	α	7.29735308（33）×10⁻³		0.045
法拉第常数	F	9.648456×10⁴	C·mol⁻¹	
阿伏伽德罗常量	N_A	6.0221367（36）×10²³	mol⁻¹	0.59
玻尔兹曼常数	k	1.380658（12）×10⁻²³	J/K	8.4
里德伯常量	R_∞	10973731.534（13）	m⁻¹	0.0012
理想气体的摩尔体积 $T=273.15K$，$p=101325Pa$	V_m	22.41410（29）×10⁻³	m³·mol⁻¹	8.4
摩尔气体常数	R	8.314510（70）	J/（mol·K）	8.4
圆周率	π	3.14159265		
自然对数底	e	2.71828183		
对数变换因子	ln10	2.30258509		
热功当量	J	4.1840		
冰的熔解热	λH_2O	3.334648×10⁵	J·kg⁻¹	
水在100℃时的汽化热	LH_2O	2.255176×10⁶	J·kg⁻¹	

附表6 **20℃时几种常见物质的密度**

物质	密度（×10³kg·m⁻³）	物质	密度（×10³kg·m⁻³）	物质	密度（×10³kg·m⁻³）
铝	2.70	水银	13.546	甘油	0.261
铜	8.94	黄铜	8.5～8.7	汽油	0.66～0.75
铁	7.86	钢	7.60～7.90	变压器油	0.84～0.89
金	19.27	玻璃	2.4～2.6	松节油	0.87
银	10.50	石蜡	0.87～0.94	蓖麻油	0.96～0.97
镍	8.85	蜂蜡	0.96	牛乳	1.03～1.04
铅	11.34	乙醇	0.7893		

附表7 **标准大气压下水在不同温度时的密度**

温度（℃）	密度（×10³kg·m⁻³）	温度（℃）	密度（×10³kg·m⁻³）	温度（℃）	密度（×10³kg·m⁻³）
0	0.999841	31	0.995340	39	0.99259
4	0.999973	32	0.995025	40	0.99221
5	0.999965	33	0.994702	50	0.98804
10	0.999700	34	0.994371	60	0.98321
15	0.999099	35	0.994031	70	0.97778
18	0.998595	36	0.99368	80	0.97180
20	0.998203	37	0.99333	90	0.96531
30	0.995646	38	0.99296	100	0.95835

附表 8　　　　　　　　　　在海平面上不同纬度处的重力加速度

纬度 ϕ（°）	g（m/s²）	纬度 ϕ（°）	g（m/s²）
0	9.78049	50	9.81079
5	9.78088	55	9.81515
10	9.78204	60	9.81924
15	9.78394	65	9.82294
20	9.78652	70	9.82614
25	9.78969	75	9.82873
30	9.78338	80	9.83065
35	9.79746	85	9.83182
40	9.80180	90	9.83221
45	9.80629		

表中所列数值是根据公式 $g=9.78049$（$1+0.005288\sin^2\phi-0.000006\sin^2\phi$）算出的，其中 ϕ 为纬度。

附表 9　　　　　　　　　　某些固体的线膨胀系数

物质	温度或温度范围（℃）	α（$\times10^{-6}$℃$^{-1}$）	物质	温度或温度范围（℃）	α（$\times10^{-6}$℃$^{-1}$）
铝	0～100	23.8	锌	0～100	32
铜	0～100	17.1	铂	0～100	9.1
铁	0～100	12.2	钨	0～100	4.5
金	0～100	14.3	石英玻璃	20～200	0.56
银	0～100	19.6	窗玻璃	20～200	9.5
钢（0.05%碳）	0～100	12.0	花岗石	20	6～9
康铜	0～100	15.2	瓷器	20～200	3.4～4.1
铅	0～100	29.2			

附表 10　　　　　　　在 20℃ 时某些金属的弹性模量（杨氏模量）[①]

金属	杨氏模量 Y	
	（GPa）	（kgf/mm²）
铝	69～70	7000～7000
钨	407	41500
铁	186～206	19000～21000
铜	103～127	10500～13000
金	77	7900
银	60～80	7000～8200
锌	78	8000
镍	203	20500
铬	235～245	24000～25000
合金钢	206～216	21000～22000
碳钢	196～206	20000～21000
康铜	160	16300

①杨氏弹性模量的值与材料的结构、化学成分及其加工制造方法有关。因此，在某些情况下，Y 的值可能与表中所列的平均值不同。

附表 11 在 20℃ 时与空气接触的某些液体的表面张力系数

液体	$\sigma\ (\times 10^{-3}\mathrm{N/m})$	液体	$\sigma\ (\times 10^{-3}\mathrm{N/m})$
石油	30	甘油	63
煤油	24	水银	513
松节油	28.8	蓖麻	36.4
水	72.75	乙醇	22.0
肥皂溶液	40	乙醇（在 60℃时）	18.4
氟利昂－12	9.0	乙醇（在 0℃时）	24.1

附表 12 在不同温度下与空气接触的水的表面张力系数

温度（℃）	$\sigma\ (\times 10^{-3}\mathrm{N/m})$	温度（℃）	$\sigma\ (\times 10^{-3}\mathrm{N/m})$	温度（℃）	$\sigma\ (\times 10^{-3}\mathrm{N/m})$
0	75.62	16	73.34	30	71.15
5	74.90	17	73.20	40	69.55
6	74.76	18	73.05	50	67.90
8	74.48	19	72.89	60	66.17
10	74.20	20	72.75	70	64.41
11	74.07	21	72.60	80	62.60
12	73.92	22	72.44	90	60.74
13	73.78	23	72.28	100	58.84
14	73.64	24	72.12		
15	73.48	25	71.96		

附表 13 不同温度时水的黏滞系数

温度（℃）	黏滞系数 η		温度（℃）	黏滞系数 η	
	$(\mu\mathrm{Pa\cdot s})$	$(\times 10^{-6}\ \mathrm{kgf\cdot s/mm^2})$		$(\mu\mathrm{Pa\cdot s})$	$(\times 10^{-6}\ \mathrm{kgf\cdot s/mm^2})$
0	1787.8	182.3	60	469.7	47.9
10	1305.3	133.1	70	406.0	41.4
20	1004.2	102.4	80	355.0	36.2
30	801.2	81.7	90	314.8	32.1
40	653.1	66.6	100	282.5	28.8
50	549.2	56.0			

附表 14 固体中的声速

固体	声速(m·s^{-1})	固体	声速(m·s^{-1})	固体	声速(m·s^{-1})
铝	5000	莫涅尔合金	4400	重硅钾铅玻璃	3720
黄铜	3480	铂	2800	丙烯树脂	1840
铜	3750	不锈钢	5000	尼龙	1800
硬铝	5150	锡	2730	聚苯乙烯	2240

固体	声速（m·s⁻¹）	固体	声速（m·s⁻¹）	固体	声速（m·s⁻¹）
金	2030	钨	4320	熔融石英	5760
电解铁	5120	锌	3850		
铅	1210	银	2680		
镁	4940	硼硅酸玻璃	5170		

附表 15　液 体 中 的 声 速

液体	声速(m·s⁻¹) (20℃)	液体	声速(m·s⁻¹) (20℃)	液体	声速(m·s⁻¹) (20℃)
CCl_4	935	C_5H_5Cl	1284.5	$CaCl_2$43.2%（水溶液）	1981
C_6H_6（苯）	1324	$(C_2H_5)_2O$	1006	H_2O	1482.9
$CHBr_6$	928	$C_3H_8O_3$（甘油）	1923	Hg	1451.0
$C_5H_5CH_3$	1327.5	CH_3OH	1121	NaCl 4.8%（水溶液）	1542
CH_3COCH_3	1190	C_2H_5OH	1168		
$CHCl_3$	1002.5	CS_2	1158.0		

附表 16　气体中的声速（标准状态下）

气体	声速(m·s⁻¹) (0℃)	气体	声速(m·s⁻¹) (0℃)	气体	声速(m·s⁻¹) (0℃)
空气	331.45	CS_2	189	NH_3	415
Ar	319	Cl_2	205.3	NO	325
CH_4	432	H_2	1269.5	N_2O	261.8
C_2H_4	314	H_2O（水蒸气 100℃）	404.8	Ne	435
CO	337.1	He	970	O_2	317.2
CO_2	258.0	N_2	337		

附表 17　固体的导热系数 λ

物质	温度(K)	λ [×10²W/(m·K)]	物质	温度(K)	λ [×10²W/(m·K)]
银	273	4.18	康铜	273	0.22
铝	273	2.38	不锈钢	273	0.14
金	273	3.11	镍铬合金	273	0.11
铜	273	4.0	软木	273	$0.3×10^{-3}$
铁	273	0.82	橡胶	298	$1.6×10^{-3}$
黄铜	273	1.2	玻璃纤维	323	$0.4×10^{-3}$

附表 18　　　　　　　　　　　　　　某些固体的比热容

固体	比热容 [J/(kg·K)]	固体	比热容 [J/(kg·K)]
铝	908	铁	460
黄铜	389	钢	450
铜	385	玻璃	670
康铜	420	冰	2090

附表 19　　　　　　　　　　　　　　某些液体的比热容

液体	比热容 [J/(kg·K)]	温度(℃)	液体	比热容 [J/(kg·K)]	温度(℃)
乙醇	2300	0	水银	146.5	0
	2470	20		139.3	20

附表 20　　　　　　　　　　某些金属和合金的电阻率及其温度系数
（电阻率与金属中的杂质有关，此为 20℃ 时电阻率平均值）

金属或合金	电阻率 $(\times 10^{-6}\ \Omega \cdot m)$	温度系数 $(℃^{-1})$	金属或合金	电阻率 $(\times 10^{-6}\ \Omega \cdot m)$	温度系数 $(℃^{-1})$
铝	0.028	42×10^{-4}	锌	0.059	42×10^{-4}
铜	0.0172	43×10^{-4}	锡	0.12	44×10^{-4}
银	0.016	40×10^{-4}	水银	0.958	10×10^{-4}
金	0.024	40×10^{-4}	武德合金	0.52	37×10^{-4}
铁	0.098	60×10^{-4}	钢(0.10~0.15%碳)	0.10~0.14	6×10^{-3}
铅	0.205	37×10^{-4}	康铜	0.47~0.51	$(-0.04 \sim +0.01) \times 10^{-3}$
铂	0.105	39×10^{-4}	铜锰镍合金	0.34~1.00	$(-0.03 \sim +0.02) \times 10^{-3}$
钨	0.055	48×10^{-4}	镍铬合金	0.98~1.10	$(0.03 \sim 0.4) \times 10^{-3}$

附表 21　　　　　　不同金属或合金与铂（化学纯）构成热电偶的热电动势
（热端在 100℃，冷端在 0℃ 时）

金属或合金	热电动势(mV)	连续使用温度(℃)	短时使用最高温度(℃)
95%Ni+5%(Al, Si, Mn)	−1.38	1000	1250
钨	+0.79	2000	2500
手工制造的铁	+1.87	600	800
康铜(60%Cu+40%Ni)	−3.5	600	800
56%Cu+44%Ni	−4.0	600	800
制导线用铜	+0.75	350	500
镍	−1.5	1000	1100

续表

金属或合金	热电动势（mV）	连续使用温度（℃）	短时使用最高温度（℃）
80％Ni＋20％Cr	＋2.5	1000	1100
90％Ni＋10％Cr	＋2.71	1000	1250
90％Pt＋10％Ir	＋1.3	1000	1200
90％Pt＋10％Rh	＋0.64	1300	1600
银	＋0.72	600	700

注 1. 表中的"＋"或"－"表示该电极与铂组成热电偶时，其热电动势是正或负。当热电动势为正时，在处于0℃的热电偶一端电流由金属（或合金）流向铂。

　　2. 为了确定用表中所列任何两种材料构成的热电偶的热电动势，应当取这两种材料的热电动势的差值。例如：铜—康铜热电偶的热电动势等于＋0.75－（－3.5）＝4.25（mV）。

附表 22　　　　　　　　　　几 种 标 准 温 差 电 偶

名称	分度号	100℃时的电动势（mV）	使用温度范围（℃）
铜—康铜(Cu55Ni45)	CK	4.26	－200～300
镍铬(Cr9～10Si0.4Ni90)—康铜(Cu56～57Ni43～44)	EA-2	6.95	－200～800
镍铬(Cr9～10Si0.4Ni90)—镍硅(Si2.5～3Co＜0.6Ni97)	EV-2	4.10	1200
铂铑(Pt90Rh10)—铂	LB-3	0.643	1600
铂铑(Pt70Rh30)—铂铑(Pt94Rh6)	LL-2	0.034	1800

附表 23　　　　　　　　　　常用光源的谱线波长　　　　　　　　　nm

一、H（氢）	447.15 蓝	589.592 (D_1) 黄
656.28 红	402.62 蓝紫	588.995 (D_2) 黄
486.13 绿蓝	388.87 蓝紫	五、Hg（汞）
434.05 蓝	三、Ne（氖）	623.44 橙
410.17 蓝紫	650.65 红	579.07 黄
397.01 蓝紫	640.23 橙	576.96 黄
二、He（氦）	638.30 橙	546.07 绿
706.52 红	626.25 橙	491.60 绿蓝
667.82 红	621.73 橙	435.83 蓝
587.56 (D_3) 黄	614.31 橙	407.78 蓝紫
501.57 绿	588.19 黄	404.66 蓝紫
492.19 绿蓝	585.25 黄	六、He-Ne 激光
471.31 蓝	四、Na（钠）	632.8 橙

附表 24   **可见光区定标用的已知波长/汞（Hg）发射光谱**

波长（nm）	颜色	相对强度	波长（nm）	颜色	相对强度
690.72	深红	弱	546.07	绿	很强
671.62	深红	弱	535.40	绿	弱
623.44	红	中	496.03	蓝绿	中
612.33	红	弱	491.60	蓝绿	中
589.02	黄	弱	435.84	蓝紫	很强
585.94	黄	弱	434.75	蓝紫	中
579.07	黄	弱	433.92	蓝紫	弱
578.97	黄	弱	410.81	紫	弱
576.96	黄	弱	407.78	紫	中
567.59	黄绿	弱	404.66	紫	强

附表 25   **常 用 谱 线 波 长**

元素	λ（nm）	元素	λ（nm）	元素	λ（nm）
氢（H）	$656.28H_\alpha$		692.95		585.25
	$486.13H_\beta$		671.70		582.02
	$434.05H_\gamma$		667.83	氖（Ne）	576.44
	$410.17H_\delta$		659.90		540.06
	$395.01H_\varepsilon$		653.29		534.11
	$383.90H_\zeta$		650.65		533.08
氦（He）	706.52		640.22		670.79
	667.81		638.30	锂（Li）	610.36
	587.56		633.44		460.29
	504.77		630.48	钠（Na）	589.592
	501.57	氖（Ne）	626.65		588.995
	492.19		621.73		769.90
	471.31		616.36	钾（K）	766.49
	447.15		614.31		404.72
	438.79		609.62		404.41
	414.38		607.43	钙（Ca）	396.85
	412.08		603.00		393.37
	402.62		597.55		553.55
	396.47		594.48	钡（Ba）	493.41
	388.86		588.19		455.40

附表 26   **光波的波长范围和频率范围**

光谱区域	波长范围（真空中）	频率范围（Hz）
远红外	$100\mu m \sim 10\mu m$	$3\times10^{12} \sim 3\times10^{13}$
中红外	$10\mu m \sim 2\mu m$	$3\times10^{13} \sim 1.5\times10^{14}$
近红外	$2\mu m \sim 760nm$	$1.5\times10^{14} \sim 3.9\times10^{14}$
红光	$760nm \sim 622nm$	$3.9\times10^{14} \sim 4.7\times10^{14}$
橙光	$622nm \sim 597nm$	$4.7\times10^{14} \sim 5.0\times10^{14}$
黄光	$597nm \sim 577nm$	$5.0\times10^{14} \sim 5.5\times10^{14}$
绿光	$577nm \sim 492nm$	$5.5\times10^{14} \sim 6.3\times10^{14}$
青光	$492nm \sim 450nm$	$6.3\times10^{14} \sim 6.7\times10^{14}$
蓝光	$450nm \sim 435nm$	$6.7\times10^{14} \sim 6.9\times10^{14}$
紫光	$435nm \sim 390nm$	$6.9\times10^{14} \sim 7.7\times10^{14}$
紫外	$390nm \sim 5nm$	$7.7\times10^{14} \sim 6.0\times10^{16}$

附表 27   **高温超导体的临界温度**

物质	简称	$T_c(K)$	说明
$La_{2-x}M_xCuO_4$	214 - T	40	$M=Sr,Ba,Ca$
$Nd_{2-x}M_xCuO_4$	214 - T'	30	$M=Ce,Pr,Th$
$(Nd, Ce, Sr)_2CuO_4$	214 - T''	35	
$RBa_2Cu_3O_7$	123	90	$R=Y,La,Sm,Eu,Gd,Dy,\cdots$
$YBa_2Cu_4O_8$	124	80	
$Y_2Ba_4Cu_7O_{15}$	247	60	
$(Ba, Nd)_5 (Nd, Ce)_2Cu_3O_8$	—	50	
$Pb_2YSrCu_3O_8$	—	50	
$Bi_2Sr_2CuO_6$	Bi - 2201	9	
$Bi_2Sr_2CaCu_2O_8$	Bi - 2222	85	Bi 系超导体
$Bi_2Sr_2Ca_2Cu_3O_{11}$	Bi - 2223	105	
$Tl_2Ba_2CuO_6$	Tl - 2201	80	
$Tl_2Ba_2CaCu_2O_8$	Tl - 2212	110	Tl 系超导体
$Tl_2Ba_2Ca_2Cu_3O_{10}$	Tl - 2223	125	
$TlBa_2CuO_5$	Tl - 1201	40	
$TlBa_2CaCu_2O_7$	Tl - 1212	90	单层 Tl0 的 Tl 系超导体
$TlBa_2Ca_2Cu_3O_9$	Tl - 1223	105	
$TlBa_2Ca_3Cu_4O_{11}$	Tl - 1234	105	
$La_{2-x}M_xCaCu_2O_6$	2126	60	$M=Sr,Ba$
$Ca_{1-x}Sr_xCuO_2$	—	>80	无限层化合物
$TiO-$	—	2.3	
$LiTi_2O_4$	—	13.7	BCS 超导体
$Ba_xPb_{1-x}BiO_3$	BPB	13	
$Ba_xK_{1-x}BiO_3$	BKB	30	

参 考 文 献

[1] 苏锡国，李双美．大学物理实验［M］．北京：中国电力出版社，2009．

[2] 樊旭峰．大学物理实验［M］．北京：高等教育出版社，2011．

[3] 王旗．大学物理实验［M］．北京：高等教育出版社，2017．

[4] 毕会英．大学物理实验［M］．北京：北京航空航天大学出版社，2019．

[5] 郝延明，任晓斌，原凤英，高纯静．大学物理实验［M］．北京：清华大学出版社，2016．

[6] 周惟公．大学物理实验［M］．北京：高等教育出版社，2020．

[7]《大学物理实验》编写组．大学物理实验教程［M］．北京：北京邮电大学出版社，2019．

[8] 郭松青，李文清．普通物理实验教程［M］．北京：高等教育出版社，2019．

[9] 叶德培．测量不确定度理解评定与应用［M］．北京：中国质检出版社，2016．

[10] 教育部高等学校大学物理课程教学指导委员会．理工科类大学物理实验课程教学基本要求．2023 年版
     ［M］．北京：高等教育出版社，2023．

[11] 徐世峰．大学物理实验教程［M］．北京：高等教育出版社，2019．